シリアで猫を救う

The Last Sanctuary in Aleppo

アラー・アルジャリール
with ダイアナ・ダーク
大塚敦子 訳

講談社

自分の町に戦争が及んだとき、アラーは激しい砲撃の中、救急車を走らせ、負傷者を救助する活動を始めた。

イスタンブールの街角で出会った猫フィラースとともに移動中のアラー。

アラーの救急車に乗る猫。どこに行くにもついてきたがる猫たちがいた。

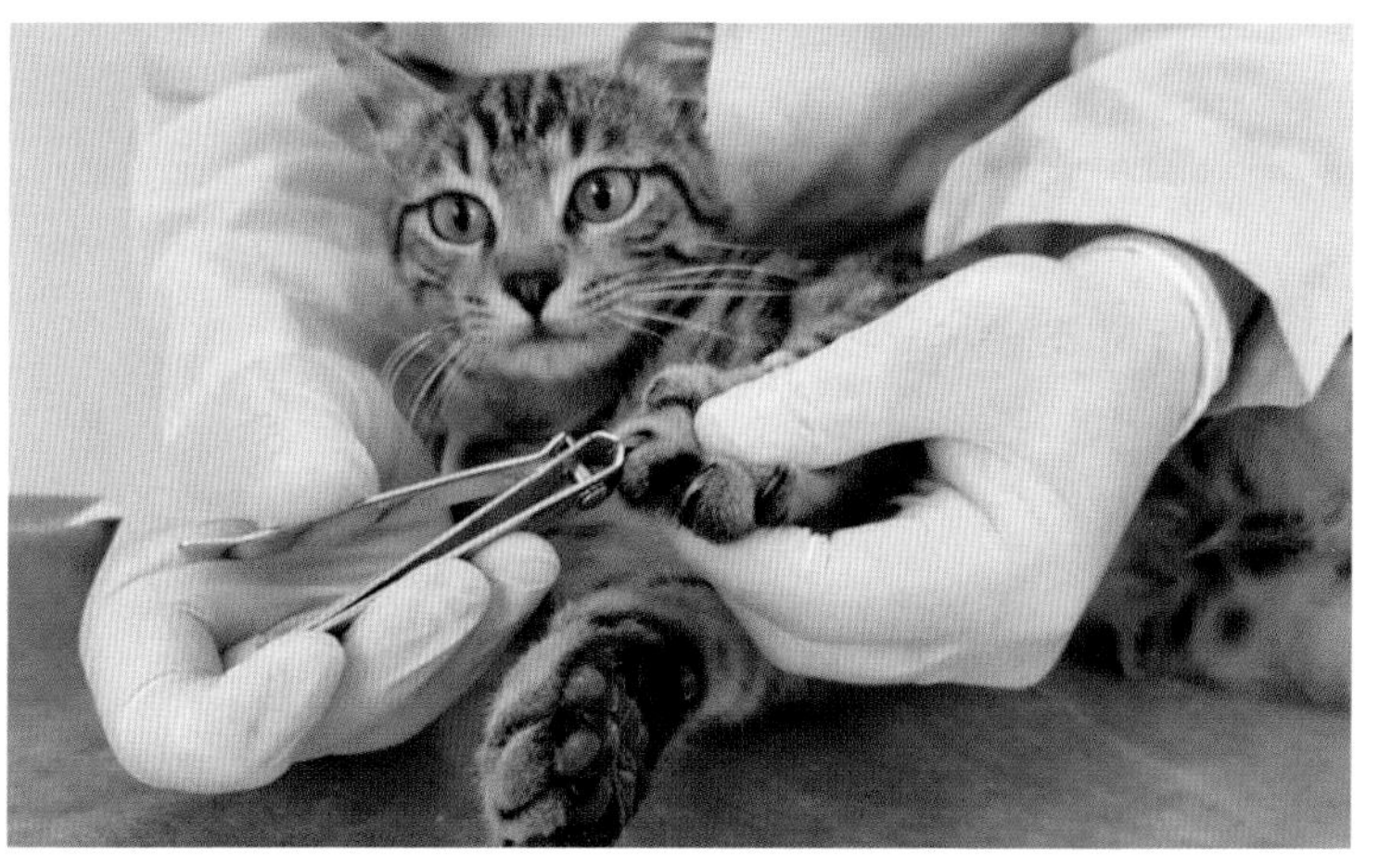

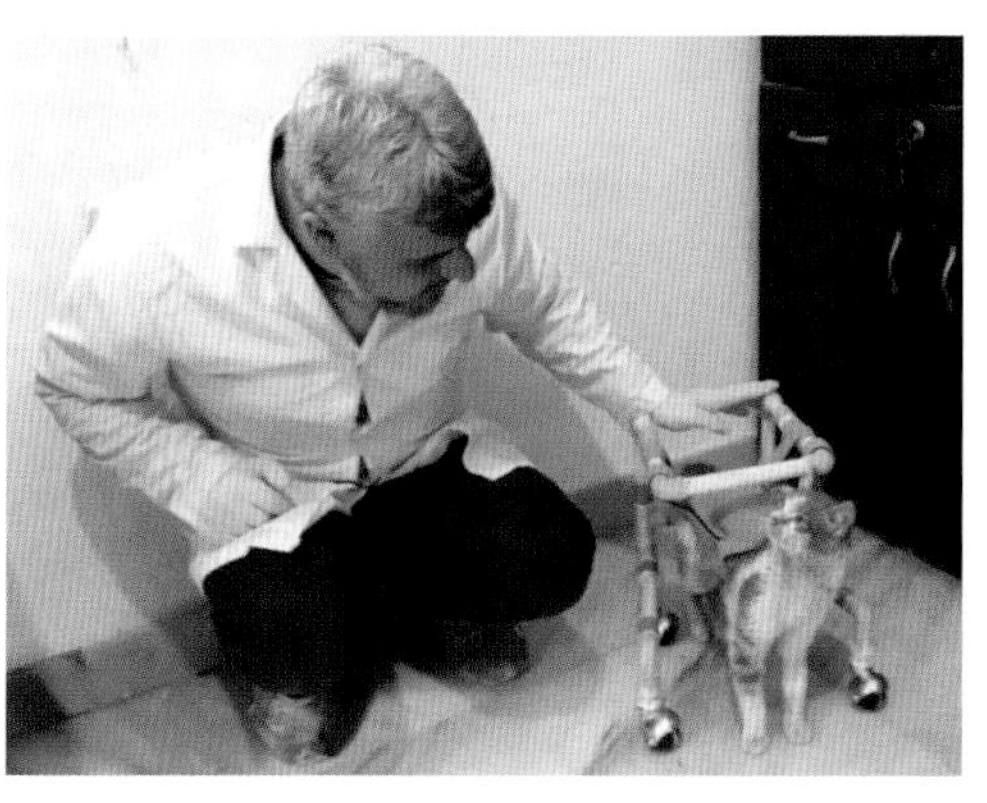

再建したサンクチュアリでは猫以外にも多くの動物たちを保護し、地域住民のために無料の動物クリニックを併設。ユースフ獣医師が診療をおこなっている。

サンクチュアリの隣には遊園地も併設し、子どもたちがひととき戦争を忘れられる場を提供。定期的に子どもたちの誕生パーティも開いている。

シリアで猫を救う

装丁　田中久子
カバー写真　©Alamy Stock Photo/amanaimages
口絵写真　©Headline Publishing Group
地図作成／ユニオンマップ

THE LAST SANCTUARY IN ALEPPO
by Alaa Aljaleel with Diana Darke

First published in Great Britain in 2019 by HEADLINE PUBLISHING GROUP
Japanese translation published by arrangement with Headline Publishing Group Limited through The English Agency (Japan) Ltd.

目次

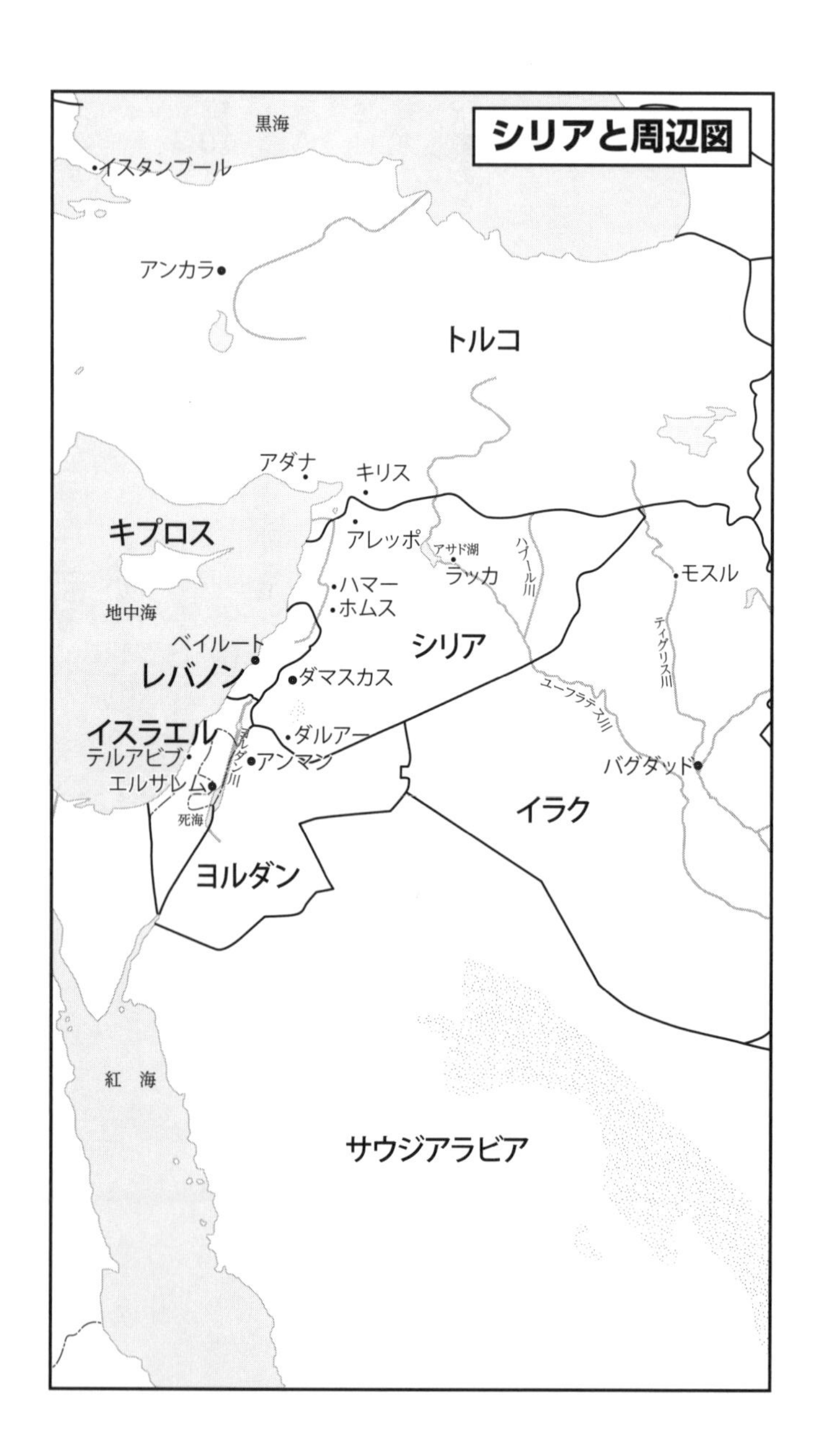
シリアと周辺図
黒海
イスタンブール
アンカラ
トルコ
アダナ
キリス
キプロス
アレッポ
アサド湖
ラッカ
ハブール川
モスル
ハマー
ホムス
地中海
ティグリス川
ベイルート
シリア
レバノン
ダマスカス
ユーフラテス川
イスラエル
ダルアー
テルアビブ
ヨルダン川
アンマン
バグダッド
エルサレム
イラク
死海
ヨルダン
紅海
サウジアラビア

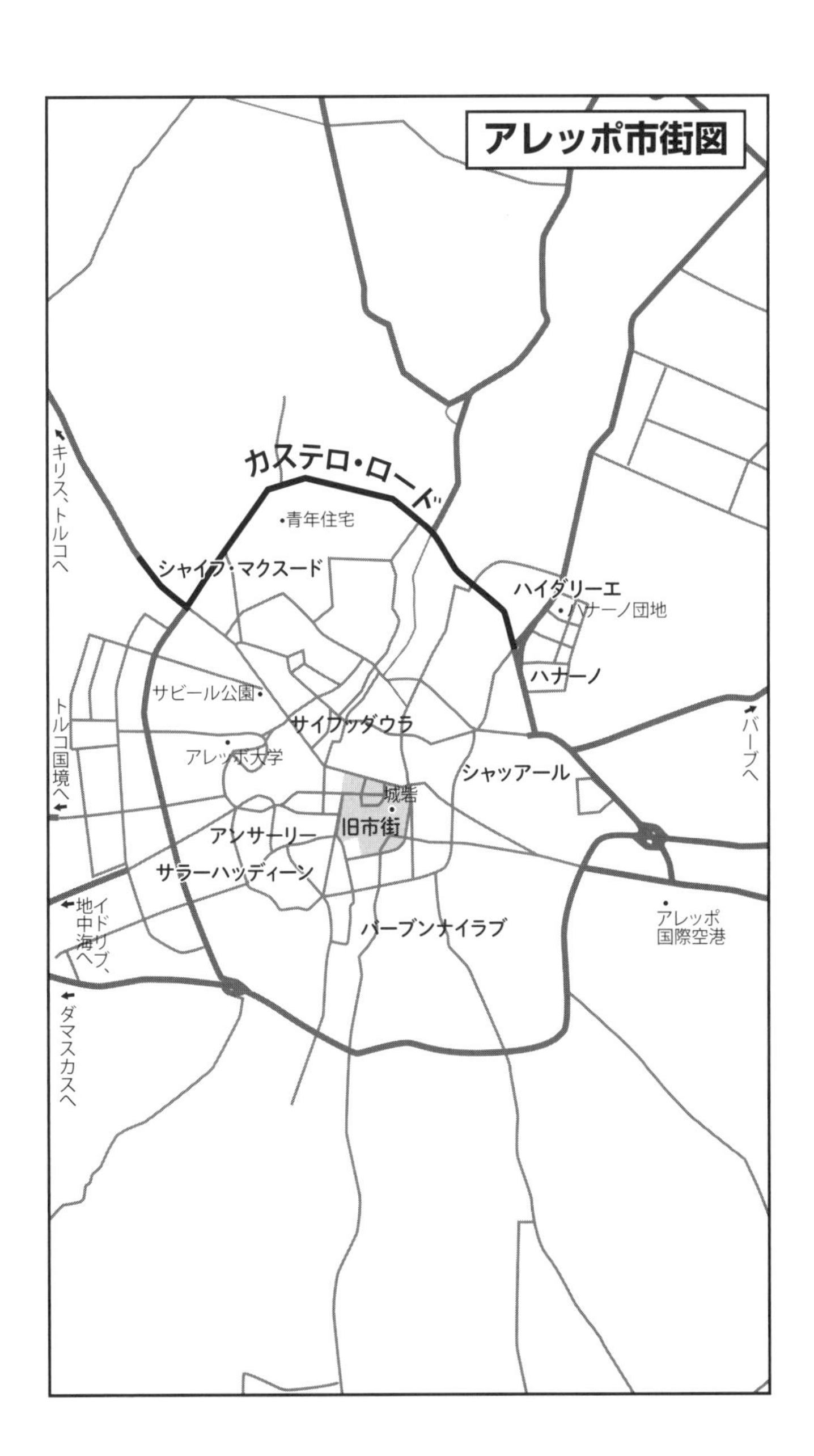
アレッポ市街図
カステロ・ロード
青年住宅
シャイフ・マクスード
ハイダリーエ
ハナーノ団地
ハナーノ
キリス、トルコへ
サビール公園
サイフッダウラ
アレッポ大学
トルコ国境へ
バーブへ
シャッアール
城砦
旧市街
アンサーリー
サラーハッディーン
イドリブ、地中海へ
バーブンナイラブ
アレッポ国際空港
ダマスカスへ

プロローグ

「世界一危険な道」。

　アレッポの戦いの間、カステロ・ロードはメディアからそう呼ばれていた。そこは二〇一二年から二〇一六年までの四年間、戦闘の最前線であると同時に、ぼくの仕事場でもあった。ぼくは子どものころ大好きだった「エレガンス」というビスケットの製造工場の横に救急車を止め、カステロ・ロードを見張った。爆撃が始まり、出番が来るまで、ときには何時間もそこで待ち続けた。

　ぼくは通りにいるお腹(なか)をすかせた猫たちのために、いつもソーセージの切れ端をポケットにいっぱい詰め込んでいた。戦闘が激しくなり、住民が次々とアレッポから避難したあと、たくさんの猫たちが置き去りにされたからだ。突然飼い主を失った猫たちは食べ物を求めて通りをさまよい、砲撃にさらされ、人間と同じくらい助けを必要としていた。

　ミニバンを改造したぼくの救急車のダッシュボードには猫が座っていることもよくあった。ぼくが東アレッポに作ったサンクチュアリ（保護施設）の猫だ。ぼくのそばにいるほうが落ち着くのか、どこにでもついてきたがる猫たちがいた。

　といっても、実際はぼくのそばにいるのはとても危険だった。アレッポは政権軍が支配する西アレッポ、反体制派が支配する東アレッポに分断されていたが、たまたまぼくが住んでいたのは東のほう。二〇一六年当時、ぼくの家とサンクチュアリがあるアレッポ北東部のハナーノ地区には容赦ない爆撃が加えられていた。ぼくは爆弾が投下されたあと数分以内に現場に駆けつけられるよう、東アレッポの東部に救急車を止めて待機したものだった。


　カステロ・ロードは反体制派が支配する東アレッポと外部をつなぐ唯一のルートだ。食糧、燃料、医薬品——東アレッポに暮らすぼくたちが生きるために必要なものはすべて、ここを通らなければ搬入できない。

　もっとも危険だったのは最初の二、三キロほどの区間だった。この道を通ってアレッポを出入りする車はどこからでも丸見えで、政権軍、ロシア兵、クルド兵、あるいはどこかの武装組織の一員だと名乗る盗っ人に全方位から狙われた。

　政権を支援するロシア軍の戦闘機が空から爆弾を落とし、政権軍は西側からカステロ・ロードに砲弾を撃ち込んだ。目的はこの道路を完全に使用不能にすること。通行できないよう道路を封鎖して東アレッポを包囲下に置き、追い詰められた反体制派の戦闘員たちが投降するよう仕向けることだった。

一方で、クルド人たちはこの命がけの区間を通ってでも脱出しようとする市民をすべてスナイパーの標的にした。東アレッポの人間はみな反体制側である自由シリア軍兵士の家族だと決めつけていたからだ。政権はクルド人たちと取り引きし、反体制派との戦いを支援するという条件付きで、クルド人たちが自分たちの居住区を守るためにアレッポにとどまることを認めていた。政権軍もクルド人も、たまたま東アレッポに住むぼくのような一般市民を全員テロリストとみなし、無差別攻撃の対象にした。

そこに盗っ人たちも加わっていた。傭兵(ようへい)のたぐいというか、どこの戦争にでも出現する欲深い奴(やつ)らだ。連中はアレッポから脱出しようとする市民がありったけの貴重品を持ち出そうとするのを知っていて、金、宝石、現金など金目の物を奪うために人びとを銃撃した。たとえ運良く爆撃を逃れたとしても、この連中が待ちかまえていた。

政権軍がいよいよ東アレッポを完全封鎖する直前、ぼくがカステロ・ロードから搬送した最後の犠牲者は、出稼ぎ先のトルコから里帰りしようとしていた男性だ。彼はイード（ラマダン後の祝日）を家族と過ごすためにアレッポに戻るところだった。イードはぼくたちイスラム教徒にとってもっとも聖なる祝日だ。政権軍もこの期間中は休戦すると宣言したはずだったのが、二日目には早くも休戦協定を破った。人びとが祝日で油断したところにつけこもうという作戦だったのだ。

救助要請を受けてぼくたちがカステロ・ロードに到着したとき、この気の毒な男性はすでに絶命していた。命を救うには間に合わなかったけれど、せめて遺体とかばんだけでも家族のもとに届けてあげたい――ぼくたちは遺体と所持品を救急車に乗せ、再び始まった爆撃から逃れて東アレッポに戻った。

その男性のかばんを開けたときのことはいまも忘れられない。中にぎっしりと詰め込まれていたのはたくさんのおもちゃや衣類だった。まだ値札が付いたままの新しい洋服もあった。それは彼がイードのお祝いに買った、子どもたちへのプレゼントだったのだ。

ぼくがカステロ・ロードを通ったのはこのときが最後だ。五分後には政権軍が東アレッポを完全に封鎖。ぼくたちは最後の通行者だった。

二〇一六年七月、ぼくらの町は包囲された。

第1章　戦争はどのように始まったか

アラブの春

ぼくの話を始める前に、まずシリアの戦争について少し説明させてほしい。あまりに複雑すぎてよくわからないという人も多いだろうし、そもそもどのように始まったのか、国外の人たち、いやおそらくシリア人でさえ忘れてしまっているからだ。

この戦争はもともと二〇一〇年末に突然前触れもなくチュニジアで勃発した「アラブの春」が波及したものだ。知っている人もいるかもしれないが、アラブ諸国のほとんどは大統領を自称する独裁者たちによって支配されている。独裁者とその家族は腐敗にまみれ、何十年もの間人びとを食い物にして自分たちの懐を肥やしてきた。にもかかわらず、彼らは強力な軍や警察、治安部隊を持っているため、排除するのは不可能のように思われてきた。

だから、二〇一一年一月、チュニジアの独裁者ベン・アリが権力の座から転げ落ちるのをテレビで見て、ぼくらはみな驚愕(きょうがく)した。ベン・アリへの抗議デモは百人もの死者を出しながら一ヵ月続き、ついに彼はサウジアラビアのジェッダに逃れた。二十年以上も権力の座にいた男が、あっけなく逃げ出して、それでおしまい。ベン・アリは不在のままチュニジアの新政府から汚職、麻薬密輸、マネーロンダリングで告発され、帰国したら終身刑（訳注：デモ参加者殺害に関与した罪による）に処されることになった（訳注：亡命先のサウジアラビアで二〇一九年九月十九日八十三歳で死去）。

次はエジプトのホスニ・ムバラク大統領の番で、彼はベン・アリの亡命からほんの数週間後の二月に追放された。デモはムバラクが辞任するまで二週間しか続かなかったが、千人近い人びとが警察の蛮行によって殺された。ぼくたちの前の大統領ハーフィズ・アル＝アサドもそうだったが、ムバラクも元空軍将校で、三十年近くも権力の座にあった。

ベン・アリと違うのは、彼は逃亡しなかったことだ。ムバラクは逮捕されて息子たちとともに裁判にかけられ、汚職の罪で終身刑を言い渡された。その後収監中に病気になり、九十歳の現在は釈放されている（訳注：二〇二〇年二月二十五日に九十一歳で死去）。

次は四十二年間も権力の座にいたリビアのカダフィだ。彼はベン・アリのように国外逃亡したり、ムバラクのように辞任したりすることを拒んだため、リビアの状況は混乱をきわめた。二〇一一年二月に最初の抗議活動が始まったとき、カダフィは逆にそれを封じ込めようとして流血の事態を招いた。

四月にはNATO（北大西洋条約機構）がリビアに介入、市民を保護するために飛行禁止区域を設定した。欧米が反政府側を支援するために介入したのは画期的だったが、にもかかわらず、一万五千人もの人びとが殺された。カダフィ大佐自身も下水管の中に隠れているところを捕らえられて殺された。今日リビアでは二つの政府が国を半々に支配している。乱立する各部族が油田の権益をめぐって争っているため、いまだにずるずると内戦状態が続いている。


これら近隣諸国で起こっている事態を見ていたぼくたちは、もし「アラブの春」がシリアに及んだらどうなるんだろうとおびえていた。現大統領バッシャール・アル＝アサドの父親のハーフィズ・アル＝アサドの時代に、アサド家の支配に対する反乱が起こったとき、アサド政権は権力を保持するためには手段を選ばないということを嫌というほど見せつけられていたからだ。

ハーフィズ・アル＝アサドは頭がよく、きわめて非情な男で、一九七〇年に軍のクーデターによって権力を掌握してから二〇〇〇年六月に死ぬまで、大統領と軍司令官の座にとどまった。いまの大統領のバッシャールはその後を継ぎ、現在まで十九年間にわたりシリアを支配している。

アレッポには一九七〇年代の終わりから政権に反対する勢力の中心拠点となってきた歴史があ

る。保守的なスンニ派イスラム教徒の組織であるムスリム同胞団がアレッポで反乱を起こしたのだ。そのためアレッポはアサド政権の報復のターゲットとなり、一九八〇年四月から一九八一年二月まで一年近くもの間政権軍の包囲下に置かれた。二千人が政権の治安部隊によって殺され、少なくとも八千人が投獄された。

ぼくはそのころまだ五歳だったが、当時のことは記憶にある。ぼくの周囲の大人たちがどれほどおびえていたかも覚えている。だから、「アラブの春」のドミノ効果がシリアにも及んだとき、あのときのことをまだ生々しく覚えているぼくたちは震え上がった。

だが、それは二〇一一年三月にヨルダン国境に近い南部の町ダルアーで始まり、やがてダマスカス、ホムス、そしてハマーへと広がっていった。もしこの革命——当時ぼくらはそう呼んでいた——がアレッポに及んだらどんなことになるのか、みんな恐れおののいていた。

「アラブの春」がアレッポにも波及

「アラブの春」に刺激されて政情不安が高まりつつはあったものの、アレッポでは一年半ほどは、ほぼふだんと変わらない生活が続いた。アレッポはむしろいちばん安全な場所だと思われていて、ホムスやダマスカス郊外の人たちが政権の爆撃から逃げてきたぐらいだ。

アレッポはシリア最大の工業および商業の中心地だった。国営鉄道網の本部もあったし、市の中心部から東に十キロ行ったところには空港もあって、ルフトハンザ、ＫＬＭオランダ航空、エールフランスなどが就航し、パリ、ロンドン、ベルリン、アテネ、ストックホルム、ウィーンなどヨーロッパ各国の首都への直行便が飛んでいた。

戦争の前、アレッポは中東でもっとも急成長している都市の一つで、よりよい職を求めて周辺の村落から流入してくる人びとであふれていた。とくに環状道路の北のエリアには、医薬品、食品加工、電気製品などの企業が集まる工業地区が次々とでき、人が多く集まってきた。

最初のころ、アレッポは革命とは関わらずにいた。かつて起こったことへの恐怖の記憶がそうさせていたことはまちがいない。ぼくらはみな頭を低くして、関わらないようにしていた。スンニ派の裕福な商人たちは、革命はビジネスによくないからと中立を保とうとした。キリスト教徒やほかの少数派の人たちも政権側についていたほうが安全だと考えていた。この先何をするかわからない反体制派よりも、いちおう世俗派ということになっている政権のほうがまだ自分たちの利益を守ってくれそうな気がしたんだろう。

二〇一二年五月、最初の騒動が始まった場所はアレッポ大学だった。それは驚くにあたらない。若い学生たちは一九八〇年のアレッポの包囲も、一九八二年のハマー虐殺（訳注：蜂起したムスリム同胞団の武力鎮圧のため、アサド政権がハマーの町を徹底的に攻撃・破壊した）も経験していないからだ。彼らは「アラブの春」の熱気に取りつかれ、いまこそ立ち上がるときだと熱狂的に革命を支持した。チュニジアやエジプトやリビアのように、アサド政権を揺るがすことができると思っていた。

ところが、政権のほうではすでに何人かの活動家の情報を得ていて、待ちかまえていた。治安部隊が大学に突入し、反体制派と疑われた学生たちの寮を急襲して四人の学生を殺害した。

政権は一九八〇年の包囲のときにしたように、反乱を押しつぶすにはこういうやり方がいちばんだと信じていたにちがいない。ところが今回、激しい弾圧は逆効果をもたらした。何百人もの学生がめげずにキャンパスに集まり、大規模な反政府デモをおこなったのだ。たぶん彼らは国連の監視団がシリアに派遣されていたので安全だと思ったのだろう。

当時はアレッポにもすでに国連監視団のメンバーが入り、何人かは大学のキャンパスにもいた。監視団の派遣は当時国連のシリア担当特使だったコフィ・アナン前国連事務総長の和平プランの一部で、五月末までに三百人の監視員がシリアに入り、徐々に千人規模に拡大する予定だった。監視団の存在は国じゅうに高まりつつある緊張と暴力を、手遅れになる前に緩和する役割を果たすはずだった。

だが、もう手遅れだった。それに国連監視団に紛争を止める力はない（訳注：監視員たちは多くの国から集められた非武装の軍人で、主な任務は停戦合意が守られているかどうかの監視だった）。ところが学生たちはそれがわかっていなくて、国連監視団が自分たちを守ってくれると思い込んでいた。学生たちは行方不明になったり、拘束されたり、たぶん殺されているであろう仲間の名前と写真を監視員に見せた。スマートフォンでデモを生中継する中、一人の学生が国連監視団のメンバーにこう言っているのが記録されている。

「どうかわかってください。ぼくたちがこの国で自由を味わったのはこれが初めてなんです」

学生たちは国連が自分たちの大義を政府に伝えてくれるものと信じていたが、代わりに降りかかったのは政権支持の学生たちと治安部隊による攻撃だった。国連監視団の目の前でデモの真ん中に催涙ガス弾が撃ち込まれ、参加者たちは殴る蹴るの暴行を受けたが、監視員たちは五つ星ホテルに引き揚げてしまった。ほかにどうしようもなかったのだ。

国連監視団が行くところはどこも似たり寄ったりの状況だった。みんな国連に守ってもらえると思ってより大胆になるけれど、政権の治安部隊は民衆に発砲し、国連監視団の車列にまで攻撃を加え、それを反体制派のせいにした。アサドはロシアのテレビ番組に出演して、デモの参加者たちは全員テロリストであり、これは反政府デモなどではないと決めつけた。

それはもうめちゃくちゃだった。国外にいる反体制側もひどかった。対立し合うだけではっきりした計画は何もなく、バラバラで、全然まとまっていなかった。亡命政府を自称するシリア国民評議会の指導者たちはつまらないけんかと抗争ばかり繰り返し、次々と辞めていった。

「アラブの春」がシリアに波及してから約一年後の二〇一二年五月までに、一万人を超える市民が殺されていた。これからいったいどうなるのか予想もつかなかったけれど、アサド政権がチュニジアやエジプトのように譲歩するつもりも辞任するつもりもないことだけは明らかだった。政権の報復は激烈なものになるだろう……ぼくたちはただただ恐怖でいっぱいだった。

戦闘の始まり

最初の本格的な戦闘は二〇一二年七月十九日、政権軍と自由シリア軍の間で始まった。自由シリア軍兵士の多くは、非武装の市民を撃つなんて考えられないと、政権軍を離脱した者たちだ。アレッポ大学の学生たちも入っていたが、彼らは戦闘なんて未経験だし、準備も全然できていなかった。

反体制側はセメントの袋や金属シートなど使えるものはなんでも使い、いくつかの通りに検問を築いた。一日中両サイドの間で撃ち合いがあり、インターネットも遮断された。

それが数日後、自由シリア軍の兵士たちは突如として消えてしまい、平穏が戻ってきた。みんな恐ろしくて外に出られずにいたが、とりあえず買い物に出かけ、近所の人たちと情報交換して状況を把握しようとした。ぼくたちはてっきりすべてが正常に戻りつつあるのだと思った。

ところがある日、唐突に反体制派が戻ってきた。でも前と何かが違う。この戦闘員たちは豊富な武器を持ち、戦闘にも慣れているようで、みな長い顎鬚(あごひげ)を伸ばしていた。彼らはアレッポ郊外の町や村の武装組織が合流して立ち上げた「タウヒード旅団」だと名乗り、トルコにいる自由シリア軍の指導者たちからの指図は受けず、自分たちの判断で勝手にやるという。外部からの支援も受けず、なんの計画もなしに突然できた組織のようだったが、いったい何人戦闘員がいるのかさえわからなかった。三千人と言う人もいれば、いや、六、七千人ぐらいだろうと言う人もいた。

そんなある日、アレッポではなんの前触れもなく電気が止まってしまった。水道もだ。夏場に断水することはこれまでもときどきあったけれど、せいぜい二、三時間だったし、屋上のタンクにはいつも水をためてあった。でも今回は備える時間もなかった。

家で料理をするのに使うガスボンベも突然手に入らなくなり、みなわれがちに探し回った。次には車のガソリンとディーゼルオイル、それからマーゾートといって、ぼくたちが冬季に家の暖房に使う燃料が市場から消えた。まだ夏だったからマーゾートはいらなかったが、事態が解決されないまま冬になったらどうなるか想像がついた。

こうしてぼくたちの暮らしはなんの警告もなくひっくり返ってしまったわけだが、誰もこの反体制派たちの正体を知らなかったし、ある日突然田舎からやってきた彼らを信頼できるとは思えなかった。いったいどうして突然電気や水道が止められてしまったのか。公共サービスを取り上げることで、人びとが反体制派を憎むように仕向ける政権の策略だったのだろうか。おまえたちが反体制派を支持したらすべてを失うぞ、という脅しだったのかもしれない。

ぼくが通りをうろつく猫が増えたことに気づき始めたのもこのころだ。人びとがより安全な場所を求めて避難を始め、猫を置き去りにするようになったのだ。だが、せっかく避難した先でもまた戦闘が始まることはよくあった。

ほとんどの市民はどちら側にも加担したくないと思っていた。反体制派もそのことはわかっていたようで、アレッポにとどまるのはアサド政権を倒すまでの間だけだと言っていた。それが達成されたあと、町の再建はぼくたち市民の好きなようにすればいい、と。

実際は市民の多くは反体制派の兵士たちに何かしらのシンパシーを抱いていた。ぼくたちと同じスンニ派のイスラム教徒だし、貧乏な者が多かったからだ。裕福な実業家や中産階級の人たちはそうではなく、反体制派はビジネスの妨げになると警戒していた。でも、中には政権に怒りを感じ、反体制側にくら替えすることを考えている実業家たちもいたらしい。政権は実業家たちに軍への支援金を払わせようとし、従わなければシャッビーハと呼ばれる民兵を差し向けて彼らの倉庫を焼き払ったそうだ。それはいかにもアサド政権のやりそうなことだった。

こんな落書きも現れた。――「アサドを支持せよ。さもなくば国を焼き払うぞ」

エスカレートしていく紛争

シャッビーハ――幽霊という意味――はアサドお抱えの民兵組織だ。連中は黒い革のジャケットに身を包み、黒のベンツで走り回っていたので、「幽霊」と呼ばれるようになった。シャッビーハの多くはアサド家と同じく少数派のアラウィー派イスラム教徒で、政権へのコネをフルに利用した。シリアの人口の七十パーセントほどはスンニ派イスラム教徒で、アサドを支援するイランのシーア派とほぼ同じ宗派に属するアラウィー派はわずか十五パーセントほどと言われているが、今は誰にも正確な数字はわからない（訳注：その他はキリスト教徒が約十パーセントなど）。

反乱が始まって以来シャッビーハはふだんよりはるかに活発になり、その残虐ぶりはとどまるところを知らなかった。無差別に選んだ人たちをなんの証拠もないのに政権の敵と決めつけ、家族全員を殺したりした。そうやって、バッシャール・アル＝アサドに従わないとどうなるか見せしめにした。

シャッビーハの力が強まるにつれ、自由シリア軍は報復のために彼らを殺害するようになった。どうしてそうするのか、ぼくたちはみんな理解していた。でも、同時に、そんなことをしてもなんの解決にもならないこともわかっていた。むしろそれはスズメバチの巣を引っかき回すようなもので、さらに事態を悪化させるだけだろう、そして、その結果苦しむのはなんの責任もないぼくたち一般市民にちがいない、と。

そして、もちろん事態は悪化していった。やがてアレッポは欧米のメディアから「シリアのスターリングラード」とまで言われるようになる。ぼくはスターリングラード（現ボルゴグラード）の包囲のことはあまりよく知らないけれど、その町が破壊されたということは知っていた。アレッポの町が破壊されてしまう――それこそぼくたちが何より恐れていたことだった。

あとになって、スターリングラードの戦いはほんの五ヵ月しか続かなかったことを知ったが、ぼくたちの戦いはほとんど四年半も続くことになり、シリア内戦でもっとも血みどろの戦いとなった。「これから地獄へ行く」と言ってスターリングラードに入った兵士たちは、二、三日後には「いや、ここは地獄じゃない。地獄より十倍ひどい」と言ったという。

ぼくのふるさとの町アレッポに起こったのもそれと同じだ。地獄よりもっとひどい場所と化してしまったのだ。

第2章　アラー救急車

初めての救助

ぼく自身はこの戦争では中立の立場で、政権側でも反体制側でもない。ぼくはそれより、なんの罪もないのにいちばん被害を受けている貧しい人たちの側に立ちたかった。そこで、アレッポに紛争が及んだとき思いついたのが、自分のミニバンを救急車として使うことだった。ぼくはガソリンや車の修理代を自費でまかない、一年半の間単独でボランティアの救助活動をした。そして、みんなから「アラー救急車」と呼ばれるようになった。

初めて自分のミニバンで救助した人のことはいまもはっきりと覚えている。それは二〇一二年七月、アレッポの危機が始まった直後で、ぼくたち家族が住んでいたハナーノのハイダリーエ地区から政権軍が撤退を始め、反体制派が地区を占拠しつつあったときのことだ。

戦闘はまだ始まったばかりで、行き当たりばったりに砲撃がおこなわれていた。みな安全のために屋内にとどまっていたが、ぼくは誰か通りにけがをした人がいないか気になって見に出かけた。すると人びとがぼくの家からそう遠くないところにある公園に向かって走っている。負傷した人がいるのも見える。

その人を助けに公園に到達するには幹線道路を横断しなければならない。だがそれは政権軍がこのエリアでの移動に使っている道路で、二キロ離れたところには戦車も配置されていた。横断するには危険が伴う。

それでもぼくはなんとか砲撃をかいくぐって走り、負傷した人のところにたどり着いた。この男性の親戚なのか、何人かの人たちが助けに集まってきていた。だが、病院に運ぼうにも車がない。男性は太ももに銃弾を受けていた。肉が裂け、腸も飛び出していた。

そこで、ぼくは周りの人たちに手伝ってもらって男性を背中におんぶした。政権軍の戦車を恐れてか、ほかの人たちはついてこなかったが、ぼくは男性を背負って六百か七百メートル走り、再び道路を横断して自分の車にたどり着いた。

ぼくは彼を後部座席に横たえ、ガード下を通ってエリアの外に出た。そしてヘルワーニーエまで行き、無事けが人をダールッシファー病院に運ぶことができた。生まれて初めて、ぼくは人を救助したのだ。

生い立ち

ぼくの父は消防士で、ぼくは子どものころからずっとその職業に憧れていた。アレッポで大火事があったとき、消火活動に向かう父のトラックに隠れて現場に行ったこともある。ぼくは父を手伝って消火活動をしたり、人びとを救護したりすることを夢見ていた。人の命を救うほどすばらしい仕事はないと子ども心にも強く信じていたのだ。でも、その夢がかなうまでには長い年月がかかった。

シリアではほとんどの男の子は十代から働き始める。ぼくもまだ学校に行っている十三、四歳ごろからお隣の国レバノンに行って食料品や日用品、おもちゃなどを買い付ける仕事を始めた。それは一九八八年か一九八九年ごろのことで、当時シリアはヨーロッパとアラブのほとんどの国々から経済封鎖され、物資が欠乏していたため、これはいい稼ぎになった。ぼくはその収入で自分の家族や友人たちを援助したものだ。両親とも息子がまだ若いのによくやっているのを喜び、誇りに思ってくれた。母はおもちゃの買い付け資金として自分の貯金をくれたりもした。

ぼくは十六歳ごろには叔父の見よう見まねで車の運転も覚え、叔父を手伝ってシリアではセルヴィースと呼ばれる十四席のミニバスの乗り合いタクシーを走らせるようになった。ダマスカスからアレッポ駅に到着する人びとを集客し、列車が走っていない地域に送る仕事だ。昼も夜も働き、ミニバスの中で寝ることとさえあった。

ぼくは子どものころから電気いじりが好きだったので、十四歳のころから三年間、夏の放課後は電気技師のもとで修業した。その電気技師からは工業機械用の電気パネルを組み立てることまで教わった。そして、十八歳で学校を終えたあと、電気技師になった。

レバノンの首都ベイルートで一年半働いたあと、ぼくは兵役に召集された。シリアでは十八歳以上の男子はみな二年間の兵役に就かなければならないが、それはもう思い出したくもないほど過酷な体験だった。上官にさんざんいじめられ、しごかれ、最後は膝に大けがをして一年以上療養病棟で過ごすはめになった。

多くは十八歳になったばかりで入隊するわけだから、兵役期間というのは人間形成の時期だと思われている。でも、自分自身の兵役の経験からはっきり言えるが、ぼくたちは国のために働いていたわけではなかった。人を貶(おとし)めたいだけの指揮官たちにおべっかを使っていただけ、というのが現実だ。ぼくは除隊したあと、同じような話を大勢の人たちから聞いた。シリアではよく知られた話なのだ。

兵役を終えたあと、ぼくはまたレバノンに行き、ベイルートのアメリカン大学で電気技師として働いたりした。同時に、当時シリアではまだ珍しかった衛星テレビ受信用アンテナを設置したり、コンピューターのプログラミングやフォーマットをする仕事を始め、やがて自分の店も持つことができた。

ぼくは子どものころからずっと働き続けてきたので、収入はよかった。稼いだお金は自分のためよりも、もっぱら家族を援助したり、友人たちと楽しんだりするために使った。自分ががんばって稼いだお金をそういうふうに使ったことはいまも誇りに思っている。

やがて十分なお金をためることができたので、東アレッポに家を買うことができた。シリアでは結婚するにはまず男性のほうが妻を迎え入れる家を持たなければならないことになっている。ぼくは二十五歳のとき、伝統に従って母が選んだ女性と結婚したが、これはシリアではかなり若いほうだ。妻とはその後三人の子をもうけた。

電気技師としていい収入を得られるようになってからも、父のように消防士か救急車の運転手になる夢を忘れることはなかった。結婚して落ち着いたあと、ぼくはいよいよ消防士の職を志願して申請を出した。でも、何度申請してもいっこうに通らない。

シリアの公共セクターはアラビア語でワースタ、「コネ」とか「知り合い」という意味のシステムで動いている。ぼくのようになんのコネもない人間はつねに後回しだ。運転免許ですらワースタがないとなかなか取れないため、ぼくは三十歳過ぎまで待たなければならなかった。

申請が通らない理由を聞くと、まず研修を受ける必要があると言われたので、ぼくは自腹で研修を受け、消防と救急の中級資格も取った。だが、それでもだめで、結局十三年待っても消防士の職に就くことはできなかった。

初めて人を救助したあの日、ぼくは長年待ち続けた仕事をついに政府から独立してできるようになったのだった。ほんとうは戦争なんかなくてもこういう仕事をしたかったし、戦争のおかげで夢が実現したとはなんとも皮肉な話だ。でも、人の命を救う仕事をしたいというぼくの願いはようやくかなったのだ。

戦闘の激化

ぼくが最初の家を買った東アレッポのシャッアールという地域では、革命の初期から武力衝突や戦闘が頻発した。ぼくたちはすでに三年そこに住んでいたけれど、引っ越さなければならなくなった。ぼくは妻と三人の子どもたちを連れてアレッポ北東部のハナーノの親戚宅に身を寄せ、そこに十日ほど滞在した。その後近くに家を借り、四ヵ月ほどしてからマサーキン・ハナーノ(ハナーノ団地)と呼ばれる地域の家に移った。ハナーノ団地は自然発生的にできた非公式な住宅地としてはシリアでも最大規模のものの一つで、非常に広大だった。

ぼくたちの家があったのはハイダリーエという地区で、そこはアレッポの戦いが終わったのちの二〇一八年十月、最初に再開発が始まったところだ。政権とロシアによる爆撃でぺちゃんこにされ、残っている住民は一人もいなかったのだ。

家といっても、一九七〇年代から八〇年代にかけ、ハーフィズ・アル＝アサド政権のときに建てられた安っぽいソビエト風の建物で、なんの個性もないコンクリートのアパートだった。シリアにはこういう建物がたくさんあった。最初の三ヵ月はよそに避難したアパートの持ち主に家賃を払ったが、その後彼らは国を離れたため、ぼくたちはただで住むことができた。

ぼくたち一家が入ったのは五階建てのアパートの二階だ。砲撃にさらされやすい上の階、とくに最上階には誰も住みたがらなかったし、一階も砲弾が落ちると大きな被害を受けるので、みな中間階に住みたがった。アパートに地下室がある人たちは、より安全な地下室を住居にしていた。


ラマダンの終わりにはイード・アル＝フィトル（断食明け大祭）というお祭りがあり、ふだんなら盛大にお祝いをする。でも、二〇一二年の八月は違った。店はどこもシャッターを下ろしていたし、危険を冒してまで親戚や友人や隣人の家に行く人はいなかった。

アレッポではそれまですでに一ヵ月ほど、反体制派約三千人と政権軍の戦闘が続いていた。反体制派は政権軍の戦闘機やヘリコプターによる空爆で、それまで支配していた市の南西部のサラーハッディーン地区を追われ、いまはサイフッダウラ地区の支配をめぐって戦闘を続けていた。

政権軍が戦車で地区に突入し、戦闘は通りから通りへ、家から家へと広がっていった。前線の近くに家がある人たちは持てるだけの物を持って続々と避難を始めた。政府系新聞アル＝ワタン――母国という意味――は「最大規模の戦いが始まった」と報道したが、実際そのとおりになった（訳者補足：ラマダン明けの二日後の八月二十日、アレッポで自由シリア軍に同行取材中だった日本人ジャーナリスト山本美香（みか）さんが政権側民兵シャッビーハの銃弾に倒れ、死亡）。

当時ぼくは自分の地区の人たちの家に充電可能な電球やソーラーパネルを無料で設置するなど、まだちょこちょこと電気関係の仕事を続けていた。でも、この時期新しい電気設備を設置しようなんて思う人は誰もいなかったので、店を開けておいても仕事はほとんどなかった。

だから、店は義理の弟に任せ、ぼくはもっぱら自分の車を救急車として走らせていた。店に行くことはたまにしかなく、行ったときはそれまでの売り上げから義弟やほかの従業員に賃金を支払い、夜店を閉めて帰宅するという生活だった。アレッポの状況が悪化し、避難する人が増えるにつれ、店に来る客はますます減っていった。

危機が始まってから五ヵ月後、ぼくはついに店を閉めた。いずれにしても店からの収入はもうほとんどなくなっていた。でも、ぼくには別の車を買おうと思ってためていた二万四千ドル（約二百七十万円）の貯えがあった。救急車の仕事は続けていたけど、それはボランティアだから、報酬はいっさいない。不足しつつあった生活必需品を買うには貯金を取りくずさなければならなかった。

ぼくが住むハナーノ団地ではほとんどの住民が避難したが、ぼくたちの地区には女性や子どもを含む二千人ほどの人たちがまだ残っていた。そこで、ぼくは近隣の家々に電気が行くように、供給網を張り巡らすことにした。七千五百ドルで発電機を三台買い、自分の家から各戸に電気回線が伸びるようにしたのだ。一戸あたりには一アンペアを割り当てた。

ディーゼルオイルは発電機を動かすのに取っておかなければならなかったから、ぼくたちは料理するのに油ではなく薪を使った。ずいぶん煤が出て煙たかったけれど、油は少しでも節約しなければならなかった。

三台の発電機のうち、八十アンペアの容量がある大型の発電機は、一時間動かすのに〇・五から〇・七五リットルものディーゼルオイルを食うので、めったに使わなかった。もっと消費量の少ない小型の発電機は爆撃を避けて地下に避難しているときに使った。また、井戸から水をくみ上げるのにはリスター・ペター発電機を使った。夏場は朝五時から十時まで、冬場は暗くなる四時半以降と、発電機はいちばん電気を使う時間帯だけ動かすようにしていた。

自分たちの地域にとどまるか、去るか——。

アレッポを離れたい人は誰もいなかったけれど、みんなむずかしい決断を迫られていた。遠くに行けば安全だろうと、まだ戦闘が起こっていない地域に引っ越す人たちもいた。だが、ぼくたち家族はとどまることにした。ぼくは近所の人たちのそばにいて、なんでもいいから自分にできることをしたかったのだ。

ある地域で武力衝突が起こると、そこに住んでいる、あるいはたまたま誰かに会いに来たとか、買い物に来た人たちも、みんなその地域から動けなくなってしまう。動く車両はすべて反体制派・政権軍双方の標的になるため、タクシーはもうほとんど稼働しなくなっていた。でも貧しい人たちは誰も車なんか持っていない。それで、ぼくは自分の車でその人たちを運ぶようになった。

そうやってみんなの移動を手伝ったり、救助活動をするかたわら、ぼくは通りで猫を見かけたらえさをやったり、保護したりするようになった。アレッポの危機が始まってからというもの、飼い主が避難したあと置き去りにされてしまった猫たちがたくさんいたからだ。猫たちは慈しんだり世話をしたりしてくれる人を切実に必要としていた。

戦争が始まって一ヵ月ほど経ったある日のことだ。ぼくは見覚えのある白い猫が通りにいるのを見かけた。それはあるクルド人男性が飼っていた猫だった。その男性はアレッポで戦闘が始まるやいなや、ぼくたちのハナーノ地区からアレッポ北部のアフリーンというクルド人地区に避難していた。家族を連れて逃げるとき、猫は置き去りにしたというわけだ。

そのあわれな白猫はとても汚れていた。かわいそうなのでサーディンの缶詰を開けて猫に与え、それから家に連れて帰った。戦争が始まって以降、ぼくが保護したのはこの猫が最初だ。ぼくは子どものころ飼っていた白猫ルルを記念し、この猫をルルと呼ぶことにした。

白猫ルルの思い出

ルルはぼくが初めて飼った猫で、特別な思い出がある。

それはぼくが五歳ごろのこと。ある日、帰宅した父が「おまえたちがびっくりするものがあるぞ」と言い、ぼくと姉のナジラーの前にふわふわの白い毛の玉を置いたのだ。祖父の猫ベイサラーンの子どもだった。ベイサラーンは、自分が産んだ子どもの世話をしなくなることがあったので、親戚たちが子猫を引き取ってどの家でも猫を飼うようになった。

この小さな子猫は真珠のように真っ白だったので、ぼくたちはアラビア語で「真珠」を意味するルルという名前を付けた。かわいい子猫がうちに来て、ぼくたちきょうだいは嬉しくてたまらなかった。一歳上のナジラーとぼくはどちらがルルの世話をするかでしょっちゅうけんかしたけれど、だいたいはいっしょにやるということで折り合った。ぼくたちは毎日交代でルルを自分たちの部屋に入れ、母猫に代わってめんどうを見た。体をきれいにしてやり、食べ物をあげ、ブラッシングをし、特別な服を作ってやり、毛糸玉でじゃらして遊ばせたりした。

ルルはぼくにもなついていたけれど、正直言うと、姉にはもっとなついていたと思う。猫が好きなものを作るのはナジラーのほうが上手だったからだ。ぼくは姉をうらやみ、ルルがぼくのほうになつくよう涙ぐましい努力をした。ぼくを選び、ぼくの膝に乗ってほしかったのだ。でも、どんなにがんばってもだめだった。どう見てもルルがいちばん好きなのはナジラーだった。

ルルの母親のベイサラーンを飼っていた父方の祖父母は猫のことを気にかける人たちで、祖父はいつも野良猫にえさをやっていた。たいていのアラブ人は、猫はもちろん動物全般を嫌うから、祖父のような人は珍しい。

祖父はぼくがまだ七歳のときに亡くなったので、残念ながらあまりよく覚えていない。でも、父からは祖父と猫にまつわるエピソードをたくさん聞かされたものだった。

たとえば、井戸か何かの水のたまった深い穴に落ちた猫を助けたときの話。穴はとても狭く、祖父自身も身動きが取れなくなる危険があった。それでも祖父はその中に降りていって猫にロープを巻きつけ、自分より先に猫を引き上げてもらったという。

けがをしている猫を道端で見つけたら、家に連れて帰って傷の手当てをしてやることもあったそうだ。自己防衛のために激しく噛(か)んだり引っかいたりする猫もいるから、祖父自身もけがをすることがよくあった。猫には彼が助けようとしていることはわからないし、そもそも無慈悲な人間たちに傷つけられ、人間を敵視していたのかもしれない。そんな猫たちを助けようとして、祖父は何度もけがをしたけれど、けっして見捨てようとはしなかったという。父もぼくもナジラーも、みんなこの祖父から猫を愛する気持ちを受け継いだ。

白猫のルルはぼくが十五歳のときまでいっしょにいて、どこに行くにもついてきた。自分の名前がわかっていて、呼ぶと走ってきた。ぼくはルルのほかにも何匹かの猫と仲良くなり、えさをあげる外猫たちもいたけれど、いちばんはやっぱりルルだった。

でも、ルルは命の終わりが近づくにつれ、すっかり痩せおとろえてしまった。どうしてそんなにやつれて見えるのか、ぼくもナジラーも理解できなかった。ルルは三週間ほどぐったりしていたが、その後、ふっと姿を消してしまった。いつもは窓から出て外に行き、また同じ日のうちに帰ってきたのに、このときは戻ってこなかった。

父は祖父から教わって、猫の習性や行動についてはなんでも知っていた。突然ルルがいなくなって動転しているぼくたちに、父はこう説明した。

「猫は自分の死期が近いとわかると、遠くに行って死ぬ。それは飼い主を悲しませないためなんだよ」

いまのぼくは長年猫を飼ってきた経験から、あのとき父の言っていたことはほんとうだったとわかる。猫は目の前で死んだら飼い主が悲しむことを知っている。長い間自分の世話をしてくれたその人が、自分を心から愛していることを知っている。だから、黙って姿を消してひっそり死に、たぶん逃げてしまったんだろうと思わせるのだ。

でも、まだ子どもだったあのときはショックだった。ルルを失った悲しみでぼくは一週間ほど体調を崩してしまい、学校にも行けなかった。ルルが帰ってきますように——そう繰り返し神様に祈った。

そんなぼくに父はわずかな希望をくれた。

「ルルは帰ってくるかもしれないよ。死んだとはかぎらないからね。でも、戻ってくるまでに二、三ヵ月はかかるだろうな」

それはぼくたちの気持ちを鎮め、ルルがいなくなったことを受け入れやすくするための父の思いやりだったのだと思う。父は「いまは耐えなければいけないよ。また別の猫を飼うかもしれないし」とも言った。そう聞けば、ぼくたちが四六時中ルルのことばかり考えるのをやめると思ったのかもしれない。

でも、ルルはぼくにとってあまりにたいせつな存在だった。なんといってもぼくの人生で初めての猫だったのだから。

結局ルルは戻ってこなかった。

戦争が始まり、棄(す)てられた猫を多く見かけるようになってから、ぼくは父から教わったやり方で病気の猫の手当てをするようになった。人間の子ども用の薬しかなかったから、あまりよくないことだったとは思うけれど、たとえば二百五十ミリグラムの抗生物質を水で溶いて与えたりした。

飼い主のいない猫だけでなく、飼われている猫の手当てをすることもあった。ある日苦しそうに息をしている猫を見つけたときは、飼い主の許可を得てときどきその家に行き、生理食塩水を鼻に入れて呼吸しやすくしてやった。ほかにどうすればいいかわからなかったので、とにかく自分にできることをした。

でも、こんなふうに病気の猫の手当てをしているうちに、ぼくはまるで猫の救急救命士のようになっていった。とりあえず実地で経験を積んでいく中で、実際かなりの動物たちを助けることができたのだ。

古い歴史の町アレッポ

ぼくのふるさとアレッポは古い歴史と伝統のある豊かな町だった。どこを見てもいたるところに歴史があった。旧市街（訳注：世界遺産。アレッポは現在まで人が居住している世界最古の都市の一つ）の中心部は、美しい白の石灰岩でできたモスクや公衆浴場、教会や大聖堂などのすばらしい公共建築物で埋め尽くされていた。ぼくは一九七五年一月一日、旧市街の中の住宅地で生まれた。古代から続く歴史的に重要な都市に生まれ育ったことを、ぼくはいつも誇りに思ってきた。

アレッポの豊かさの源泉はスーク（市場）だ。アレッポはメソポタミアのユーフラテス川流域と地中海の中間あたりに位置し、シルクロードの起点だったから、スークの規模も大きく、有名だった。十二キロ以上もある迷路のようなスークの路地では子どものころよく迷ったものだ。

アレッポのオールド・スークは屋根付きのスークとしては世界最大といわれている。石造りの屋根には空気を通す穴があったので、夏でもすばらしく涼しかった。昼間、太陽がちょうど真上にあるとき、光の筋がこれらの穴を突き抜けて、敷石（しきいし）の上に魔法の正方形を作り出す。子どものころ、ぼくたちはその正方形から出たり入ったりして踊ったものだ。

そして、太陽が空を横切っていくと、また違う角度から光線が入ってきて、まばゆい赤や緑、黄色の光の織物（おりもの）を店の前に広げたり、香りのいいハーブやスパイスがこぎれいに詰められた袋を彩ったりする。スークでは衣料品市場、石けん市場、スパイス市場、馬具市場、というように扱う商品によって市場が分かれていて、どの店もほぼ同じものを売っていた。人びとはスークの中ではたとえ目が見えなくても、商品のにおいをたどっていくだけで迷わず歩けるなどと軽口をたたいたものだ。

スークの労働者組合が毎日通りを掃き、ゴミを回収していたので、スークの中はいつも清潔だった。昔はスーク内の公衆浴場がゴミを買い取り、ゴミを焼却した熱で湯を沸かしていた。なかなかよくできた初期のリサイクリングシステムがあったのだ。

スークはいつも日常の買い物をする地元の人びとや土産物を買う観光客であふれていて、みんな忙しかった。それでも店主たちはつねにお客と会話し、お茶や水タバコのシーシャをすすめるのを怠らなかった。アレッポの商人や仲買人たちの商才は中東のいたるところで尊敬されていたものだ。「カイロのスークで売れるのに一ヵ月かかる物が、アレッポでは一日で売れる」と言われていた。

アレッポは何世紀にもわたってシリア経済の神経中枢だった。アレッポから南へ車で五時間行ったところにある首都ダマスカスより、かつてはアレッポの人口のほうが多かった。旧市街だけでなく、環状道路の先には多くの近代的な工場があり、衣料品、織物、スパイス、月桂樹(げっけいじゅ)の石けん、銅製品、革製品、貴金属、ラグマットや絨毯(じゅうたん)など、アレッポの特産品を生産していた。アレッポはほんとうに豊かな町だったのだ。

だが、二〇一二年後半から二〇一三年初頭にかけ、戦闘はとうとうオールド・スークとその横にある大モスクにも及んだ。スークは反体制派の拠点になっていた。スークの中は政権側のスナイパーから逃れて身を隠すのに最高の場所だったし、住んでいる人がいないので地元民の妨げになることもなかったからだ。上空の戦闘機にも見つからずに動き回れて安全なので、反体制派戦闘員たちはスーク内の古い公衆浴場に拠点をかまえた。

ところが、政権軍はスークの中に砲弾を撃ち込んだ。その一つが電気の変電設備にあたって炎上した結果、あっという間にスークじゅうに火が燃え広がってしまった。商品も木のドアもみんな燃えて灰になり、一夜にして何千もの人が破産してしまった。

政権軍もわざとスークを炎上させようとしたわけではないとは思う。政権も反体制派も両方悪い。だが、いつものことだが、いちばん被害を受けるのは店の人たちや買い物客など普通の人たちなのだ。

戦闘の初期のころ、ぼくは反体制派の若い戦闘員たちが一人の老人を呼び止めるのを見たことがある。その老人はただ礼拝のためにモスクに行こうとしていただけだったが、通りでは戦闘が起こっていたので家に帰るよう言われたのだった。その気の毒な老人は疲れて混乱しているようだった。

一人の戦闘員が彼に水の入ったコップを渡し、こう聞いた。

「政権軍と自由シリア軍、どっちのほうがいいと思うか？」

するど、老人は力なく手を振り、こう言った。

「誓って言うが、わしにはわからん。わしにとっては、君たちはみな息子のようなものなんだから」


二〇一三年四月には、世界的に有名な大モスクの尖塔（せんとう）が突然崩れ落ち、ぼくたちはみんなショックを受けた。それは千年も前のセルジューク朝の時代に造られたシリアで唯一残っているセルジュークの尖塔で、さまざまな碑文が刻まれ、石彫りのある非常に美しいものだった。その石造りの尖塔が中庭に落ちて砕けてしまったのだ。

もちろん政権は反体制派の仕業だと主張した。尖塔の下に地雷を仕掛けて爆破したのだと。でも、反体制派がそんなことをする理由がどこにあるのかぼくにはわからない。反体制派のほうでも当然政権を非難した。彼らの言い分はこうだ。政権軍の兵士たちは大モスクから追われる際、尖塔の下に地雷を仕掛けた。そしてアレッポ城や他の近くの建物から何度も戦車砲を撃ち込んで地雷を爆発させたのだ、と。

何が起きたのかたしかなことはわからない。でも、モスクを支配していた反体制派が建物と内部の貴重な文化財を保護しようとしていたことは知られている。たとえば、歴史的な価値のある木製の説教壇を安全な場所に移し、火災から守ろうとした。彼らが説教壇を持ち出しているところを撮影したビデオもある。のちに政権がモスクを奪い返した際、政権は反体制派が説教壇をトルコで売り払ったと非難したけれど。

反体制派に加わっていたアレッポ大学の学生たちは、モスクの中にあるザカリヤの墓を破壊から守るため、軽量コンクリートブロックを積んで壁を築いたりもした。バプテスマのヨハネ（洗礼者ヨハネ）の父親であるザカリヤはイスラム教徒からも聖人とされている人物で、モスクは彼の名を取ってザカリーエと呼ばれることもあった。ザカリヤの墓は五百年以上も前の青いトルコ石のタイルで飾られた美しいものだったが、モスクを狙う政権軍スナイパーの標的になっていた。それで学生たちは墓の前に壁を築き、後ろには爆発の衝撃を吸収する特殊な布を張って防護しようとしたのだ。

学生たちは中庭にある中世の日時計の周りにも防護壁を築いた。日時計は開けた場所にむき出しのまま立っていたから、何もなければ簡単に損傷しただろう。でも、学生たちは日時計の周りを砂袋でぐるりと囲んで壁を作り、南京錠（なんきんじょう）で入り口をロックした。日時計はいまも防護壁の中にあって守られている。

子どものころ、ぼくはよく父といっしょに大モスクに行ったものだった。アレッポには何百というモスクがあるけれど、いちばん大きくて重要なのはやはり大モスクで、ぼくたちにとって特別な存在だ。この戦争で、アレッポのモスクは一つ残らず損傷を受けてしまったけれど、修復不能なほど破壊されたのは幸い十二だけだった。あとのモスクは修復可能だそうだ。

最優先はもちろん大モスクだ。真っ先に修復するべきだが、政権にはお金がない。そこで、ロシアがチェチェン共和国（ロシア連邦の一部）を説得し、修復費用を出させることにしたらしい。ちなみにチェチェン人はほとんどのシリア人と同じイスラム教スンニ派で、チェチェンの大統領はプーチン大統領と同じように強権的な人物だ。

いずれにせよ、大モスクはいま大急ぎで修復されつつある。古い石や一九九〇年代にイタリア人が作った設計図を使って尖塔を再建するという計画もあるそうだ。

小さな女の子の愛猫ザハラ

二〇一三年、アレッポに初めて樽(たる)爆弾（訳注：ドラム缶のような円筒形の容器に大量の火薬を入れ、釘や金属片を詰め込んだ爆弾。安価で殺傷力が高く、シリア内戦で広範囲にわたって使用された）が投下されるようになったころのこと。ある小さな女の子がザハラという猫をぼくのところに連れてきた。ザハラは「花」という意味で、とてもきれいな灰色のメス猫だった。シリアにはザハラのような毛色の猫がたくさんいて、こういう灰色をアラビア語では「ザイトゥーニー」――オリーブのようなー―と言う。

女の子といっしょに来た父親の話では、彼らの家は激しい爆撃によって完全に破壊されてしまい、もう国を離れるしかないということだった。猫を連れてトルコに密入国するわけにはいかないけれど、通りに棄てていくようなこともしたくない。どこか安全な預け先がないか探していたとき、ぼくが猫たちの世話をしていることを聞いたのだという。

この人にザハラを預かってもらい、戦争が終わったら戻ってきて、また引き取ろう――父親はそう言って娘を説得した。

「戻ってきたら、またこの子を返してくれる？」

女の子はぼくに聞いた。

「もちろんだよ」とぼくは請け合った。

でも、父親には率直に言った。

「喜んでお預かりしますが、猫が逃げないかどうかは保証できません」

すると彼はこう言った。

「それでもまったくかまいません。あなたは猫をどこかに置き去りにしたり、棄てたりする人じゃないとわかっていますから。信頼しています」

この家族は五日後には出発することになっていて、女の子はそれまで毎日のように猫に会いに来た。猫はその子にとてもなついていて、彼女が来るたびに喜んでそばに走り寄った。

出発の日、女の子は猫にさよならを言いに来た。その姿があまりにいじらしくて、ぼくも家にいた友人たちも、周りの人たちはみんな思わず涙してしまった。

猫のザハラをぼくのもとに残し、女の子は家族とともに旅立った。

ザハラは四ヵ月ほどぼくの家にいた。通りにいるよりは家の中にいられてよかったと思いたいけれど、アレッポが危険な場所であることに変わりはなかった。ある日、ぼくたちの地区が砲撃されたとき、ザハラは爆弾の破片にあたって死んでしまったのだ。

女の子は猫の様子を聞きに、トルコからときどき電話をかけてきた。そのたびにぼくはザハラは元気だよと嘘(うそ)をついた。死んでしまったとはとても言えなくて、ぼくの携帯電話はもう写真が撮れなくなったんだ、それで新しい写真を送れないんだ、と言い訳した。どうやってザハラの死を説明したらいいのかわからず、彼女を悲しませたくなくて、猫は元気だと言い続けた。

女の子がよく世話していたからだろう、ザハラはほんとうに美しく、穏やかで、気立てのいい猫だった。初めてザハラがうちに連れてこられたとき、ぼくは思わず聞いてしまった。

「こんなすてきな猫、いったいどこで手に入れたの？」

「弟が叔父さんの家からもらってきたの。私が大の猫好きなのを知っていたから、プレゼントとしてね。弟はたった七歳なのに賢くて、まず両親の許可を取ってからそうしたのよ」

彼女がそう言って笑ったのを覚えている。

ザハラの物語はあまりに悲しくて、ぼくの心にも大きな痛みが残った。

結局ザハラの家族は二度とアレッポに戻ってくることはなかった。アレッポの状況はあまりに過酷だったため、ほかの多くの人たち同様、トルコにとどまらざるをえなかったのだ。

アレッポにはかつて三百五十万人ほどの住民がいたが、いまでは二百万人以下に減ってしまった。避難した住民のほとんどはぼくのようなスンニ派のイスラム教徒だ。でも、東アレッポに住んでいたというだけで〝テロリスト〟として責められるだろうから、アサドが政権の座にいるかぎり戻ることはできない。

【コラム　預言者ムハンマドと猫】

イスラム教には、動物たちを思いやり、食べ物をやったり世話をしたりするようにという戒律が六つある。預言者ムハンマドは動物、中でも猫が好きだったようだ。預言者ムハンマドが生前どんな行動をし、自分の教友たち――キリスト教でいう「使徒」に似たようなもの――にどんなことを語ったのかを後世に伝えるハディース（伝承）には、預言者と猫にまつわるエピソードがいくつもある。

あるハディースによると、預言者ムハンマドは祈りを捧(ささ)げるために立ち上がらなければならなかったとき、自分の上着の袖の上で寝ていた猫を起こさないよう袖を切り落としたそうだ。別のハディースは猫が預言者ムハンマドの上着の上で出産し、預言者が子猫たちのめんどうを見たと伝えている。

これらのハディースを残したのは預言者ムハンマドの教友の一人で、本名はアブドッラフマーンだが、一般にはアブー・フライラ「子猫のお父さん」として知られている人だ。ムハンマドと同じように彼も猫が大好きで、よく自分の上着の中に子猫を入れ、連れて歩いていたという。自分の部族の仲間たちとメディナ（訳注：メッカに次ぐイスラム教第二の聖地）に出てきたときのアブー・フライラは貧しく、生活に困っていたが、預言者ムハンマドは動物好きの彼を気に入り、ラクダの世話係に任命した。

アブー・フライラには、ムハンマドの命を救った逸話もある。ムハンマドが毒ヘビにかまれそうになったとき、アブー・フライラがすばやく上着の中から猫を出し、その猫が間一髪でヘビを殺した、というものだ。ムハンマドはお礼に猫の頭を撫（な）でた。民間伝承によると、頭に四本の縞（しま）が入っている猫が多いのはそのためだという。あの縞模様は預言者の指の跡なのだ。

クルアーン（コーラン）によると、神は人間に防寒具や食糧を提供したり、荷物を運ぶなどの労役をしたりする目的で動物たちを創造した。だから、人間は動物たちの世話をし、食べ物を与え、使役のあとは家に連れて帰らなければならない。そして、動物たちをたいせつにし、助けてやれば、神様から大きなご褒美がもらえるという。クルアーンには最後の審判の日には地上のすべての動物や鳥がよみがえり、神の前に集うだろうとも記されている。

第3章　アレッポのキャットマン

戦場で猫の世話をする

二〇一二年に戦争が始まって以降、アレッポに住む者の暮らしは激変した。ぼくについて言えば、夜決まった時間に寝られたことは一度もなかった。昼夜を問わず救助に駆けつけなければならないから、生活のリズムはめちゃくちゃ。つねに寝不足だったので、日中わずかな仮眠を取ってしのぐ。こんな生活はいまだかつて経験したことがなかった。

アレッポの危機が始まった当初、救急車を持っているのはぼくだけだった。ぼくは携帯電話がつながらないときでも連絡が取れるよう携帯式無線機を購入し、救助要請を受けていた。

でも、救助要請がなくても朝はいつも早く起き、まっすぐ仕事に出かけた。仕事というのは救助活動のことだ。ただちに負傷者を救出できるよう、爆撃の標的にされているとわかっているエリアの近辺で待機するのだ。

救助活動が一段落したら、家に帰る途中で野良猫にえさやりをし、自分も屋台で朝食に野菜とヨーグルトのサンドイッチを買う。それから知り合いの肉屋を何軒か回る。人間の食用に適さない肉を廃棄せずに取っておいてもらい、家で世話している猫たちのえさにするためだ。

午後、猫たちにえさをあげたあとは、近所の子どもたちの様子を見に行き、サッカーやかくれんぼをしていっしょに遊ぶ。そして、夜になると、また猫たちにえさをあげる。

一日二回、だいたい午後二時と七時のなるべく決まった時間にあげるようにしていたので、猫たちはそのパターンを覚え、ぼくを待っていた。でも、いつ救助要請が入るかわからなかったから、毎日同じ時間にあげられるとはかぎらない。ぼくが帰るまで猫たちが待たなければならないこともよくあった。

負傷者を救助し、猫たちにえさをあげ、できるかぎり日常の生活を続ける――ぼくは丸三年ほどこんなふうに過ごしていた。それが変わり始めたのは二〇一五年の終わりごろのことだ。いつのまにかぼくのやっていることが評判になり、内外にいるシリア人たちが話題にするようになったのだ。

きっかけを作ったのはアレッポで取材していたイギリス人ジャーナリストだった。彼はぼくが家の前で六十四とか七十四もの猫を世話しているのを見て驚き、ぼくの活動について記事を書いていいかと聞いてきた。そしてぼくが救急車を運転して救助活動をしたり、動物たちのめんどうを見たりしていることなどについてレポートした。

ジャーナリストが記事に書いたのはこういうことだった。

「ここに住民を助け、猫の世話をしている男がいる。ほかの人たちが避難していく中で、彼はとどまっている」

この記事がターニングポイントとなった。

自分だけ避難して助かるのではなく、アレッポに残って人や動物の役に立ちたい——そんなぼくの思いが海外にいる人たちにも伝わるようになったのだ。

その後さらに多くの記事が出て、複数のテレビ局からインタビューを受けたりもした。これらのニュースを通して、ぼくはシリアの外にいる人たちにも「アレッポのキャットマン」として知られるようになった。

ぼくがエルネストという特別な猫に出会ったのはこのころだ。エルネストとの出会いは、シリア、いやもしかしたらアラブ世界初かもしれない猫サンクチュアリ（保護施設）の始まりとちょうど同じ時期だった。

それは二〇一五年の終わり、ハナーノ地区の外れで救急車を走らせていたときのことだ。たまたまぼくは若い茶トラのオス猫をバッグに入れて歩いている男性を見かけた。

「この猫、どうかしたのかい？」と声をかけると、「もうこの猫はいらないんだ」と男性は言う。

「もう自分たちが食べるものもないんだ。猫なんてとても養えないから棄てたいんだよ」

聞くと、その男性は田舎から職と食べ物を求めて都会に出てきた人たちが寄り集まって住む、一種のスラム街のような地域の住民だった。遡ること一九七〇年の国勢調査でさえ、アレッポ市の人口の三十九パーセントは田舎から都市に移住してきた人たちで占められていた。町は規制もなく無秩序に拡大し、北東部に新しい工業地帯ができていた。そこで働く人たちが周辺にスラムを作って暮らすようになっていたのだ。

その男性は見るからに貧しそうだった。この猫をやっかい払いするために、できるだけ遠くに連れていこうとしていた。

「これはうちの飼い猫じゃないから」と彼は言い訳した。「腹が減ったときだけ来るんだ。でも何もやるものがなくて追いはらうと、子どもらが怒るんだよ」

このころ、その男性の住んでいる地域は激しい爆撃と戦闘にさらされていて、住民たちは食糧を確保するにも苦労していた。このままではどうしようもないから少しでも安全な場所に避難したい、でも、お金がないからできないんだ、と彼は言った。これまでは猫にも食べ物を分けてやっていたけど、もうそんな余裕はないのだ、と。

この男性と家族がどんなに大変な状況にあるか、ぼくにはよくわかった。そこで、ぼくがその猫をもらっていいかと聞くと、もちろん彼は同意。ぼくは茶トラをバッグから出し、救急車に乗せてうちに連れて帰った。

茶トラは極度にお腹をすかせていたので、すぐにたっぷり食べ物と水をあげた。猫は食べ物から水分を取るから普通はあまり水を飲まないものだが、この猫はよほど喉が渇いていたらしく、がぶがぶ飲んだ。

ぼくはこの茶トラがすっかり気に入り、ほかの猫たちのように外猫にするのではなく、家の中に入れることにした。茶トラのほうもぼくのことが気に入ったらしく、しょっちゅう撫でてと甘えてきた。ぼくの肩の上で眠り、どこに行くにもあとをついてきて、いつもすぐそばにくっついて座る。それまでめんどうを見てくれていた家族を失ってかわいそうだったけれど、ぼくにはいい相棒ができた。

この小さな猫がぼくの人生に現れたとき、アレッポでのぼくの活動には世界から注目が集まり始めていた。イギリスのジャーナリストによる記事が出たあと大勢の人からコンタクトがあり、ぼくが人を救助しているところや猫たちの世話をしている写真を送ってほしいと頼まれたりもした。たいした手間ではないので、ぼくは深く考えもせず応じていた。

すると、それらの写真があちこちで拡散されたおかげで、カラム財団という人道援助団体から新しい車を寄付したいという申し出があった。そのあとは、シリア・チャリティというNGOからも支援が届いた。ぼくの車がしょっちゅう壊れているという話を聞き、ついに車が完全にやられてしまったときはなんと代わりの車を送ってくれたのだ。さらには、救助活動の経費をカバーするために月々の給料まで払ってくれると言う。こちらからは何も頼んでいないのに、続々と支援が集まり始めた。

もちろん救助活動をしていたのはぼくだけではなく、このころまでには大勢のボランティアが働いていた。みんな救助活動は初心者で、全員が無償のボランティアだったけれど、誰もが情熱に燃えていた。シリア・チャリティはそんなぼくたちに月給を出し、救急車を走らせる経費をカバーしてくれることになった。

ちなみに、「シリア民間防衛隊」――イギリスとアメリカが資金を提供するようになってから欧米で「ホワイト・ヘルメッツ」と呼ばれるようになった――は有名だが、ぼくはその一員ではない。でも、彼らともいっしょに活動することはよくあった。同じ目的を共有する者どうしだから、できるかぎり助け合ったのだ。

ある救急ボランティアの死

ボランティアの中にアハマドという十六歳の少年がいて、ぼくやシリア民間防衛隊の活動を手伝っていた。父親はすでに他界していて、彼は四人きょうだいの中のただ一人の男の子だった。彼の母親はどうにかして活動をやめさせようとしていたけれど、アハマドは人命救助の仕事にやりがいと情熱を感じていた。

ある日、ミニバスや行商人でにぎわうハイダリーエのロータリーに樽(たる)爆弾が落とされたとき、アハマドは真っ先に負傷者の救助に駆けつけた。ところが、ヘリコプターが戻ってきて、また同じ場所に二個目の樽爆弾を落としたのだ。これは「ダブル・タップ」と呼ばれる新たなやり口だった。それまでは一つ爆弾を落とすと、次のターゲットに移動したものだった。

負傷者を助けようと駆けつけた人びとが二個目の爆弾の爆発に巻き込まれて多数犠牲になった。アハマドもその一人だった。

神のご加護か、ぼくはその日そこにいなかった。アハマドが殉職したと聞いたとき、ぼくは三人の負傷者を救助したあとで、まだ搬送先の病院にいた。いつもぼくたちといっしょにいたあの少年が死んでしまったなんて、にわかには信じられなかった。

ぼくたち大人はみな彼には甘くて、いつも何かしら食べ物をあげたものだ。青いオーバーオールを着たぽっちゃり体型のアハマド。ほんとうに勇敢な少年だった。アハマドは民間防衛隊の最初の殉職者となった。

この日以降、ぼくたちはより慎重になった。ヘリコプターが旋回して戻ってくるまでには三分かかるから、負傷者の搬出は三分以内にしなければならないと学んだ。もしまだそこにいたらぼくたちが二度目の攻撃に巻き込まれ、ほかの人たちに救助されるはめになるかもしれないからだ。

でも、そんなわずかな時間で負傷者を無事に搬送するのはほんとうに困難だし、できないのはつらかった。本来はストレッチャーに乗せて搬送するのが正しいやり方だということは知っている。でも、ぼくたちは二度目の爆撃を避けるために全速力で走らなければならないから、ストレッチャーを取りに行っている暇なんかなかった。もし時間があったとしても、ストレッチャーで運ぶには二人の人手がいる。負傷者を運びながら自分が転んでしまうこともしょっちゅうあった。運び方が悪かったせいで、あるいは瓦礫の下から引っ張り出すときや、病院への搬送の仕方が悪かったせいで、もっとけががひどくなってしまった人たちもいたにちがいない。それでもやるしかなかったのだ。

シリア・チャリティが月給を出してくれたおかげで、少なくともぼくは救助活動を継続することができた。手伝ってくれる人を増やし、救急体制を拡充することもできた。ぼくたちは十人のメンバーとボランティアでチームを作り、古い車や壊れた車を修理して救急車として使えるようにした。救急車は徐々に増え、最終的には十二台の救急車でアレッポじゅうをカバーする救急ネットワークを作り上げることができた。

エルネスト・サンクチュアリの誕生

救急ネットワークを拡張させつつあったころ、アレッサンドラ・アービディーンという女性がぼくにコンタクトしてきた。アレッサンドラはイタリアに住み、イタリア国籍を持っていたけれど、半分はレバノン人で、ぼくとアラビア語で会話することができた。彼女もぼくのストーリーに興味を持ち、この戦争の中でどんなふうに猫たちを助けているのか知りたがった。そして、フェイスブックとツイッターにぼくのページを作りたいと言う。

「あなたのことを知りたがっている人が大勢いるんです。その人たちと交流できるように、フェイスブックのグループを作りませんか？」と彼女は言った。

「あなたが猫のサンクチュアリを作れるよう、私たちが資金集めをします。あなたの言葉は私が翻訳してみんなに伝えます。ほんとうに大勢の人があなたのことを気にかけているの。みんなあなたが無事かどうか、毎日何をしていて、どんなことで心配しているのか知りたがってるんです。あなたの日々の様子や保護した猫たちのことを聞きたいんです」

最初、ぼくは彼女の申し出を断った。すでにもらっている給料で、猫たちを養うのには十分だと。猫たちにかかる食費は一日たったの四ドルだったので、自分だけで十分できると思ったし、これまでもずっと自費でやってきたのだから誰の助けも必要ないと思ったのだ。それに、ぼくはフェイスブックやツイッターには興味がなかった。昼も夜も救助活動に忙しくて、そんなものに割く時間はなかったからだ。

ところが、アレッサンドラはこう食い下がった。

「これはあなたのためだけじゃないんです。私たちは猫のサンクチュアリだけじゃなく、困窮している周りの人たちのことも援助したいと思っています。それで助かる人たちもきっといますよね？　とにかく、無名のままではいないでください。何も発信しなかったら、あなたのことが誰にも知られないままになってしまう」

ぼくはもう一度よく考えてみた。そして、彼女の申し出を受け入れることにした。

アレッサンドラはさっそく〝イル・ガターロ・ダレッポ〟（イタリア語でアレッポのキャットマンを意味する）というフェイスブックグループと、@theAleppoCatman というツイッターアカウントを作った。するとみるみるうちにグループのメンバーやツイッターのフォロワーが増えていった。ほとんどの人はヨーロッパ人で、アラビア語を話さなかったので、ぼくはアレッサンドラを通して彼らとやりとりするようになった。

アレッサンドラとフェイスブックグループの立ち上げや、ぼくの救助活動を支えるための資金集めの方法などについて実務的な打ち合わせをしていたときのことだ。彼女はふと、心から愛していた猫をがんで亡くしたの、と口にした。その猫の名前はエルネストだった。

そこでぼくは、つい先日引き取ったばかりの茶トラの話をし、こう提案した。アレッポの猫サンクチュアリはアレッサンドラの猫を記念して「エルネスト」と名付けよう。ぼくの新しい茶トラの名前もエルネストにする、と。

アレッサンドラはこの提案を大歓迎した。ぼくたちの新しい取り組みが「エルネストズ・サンクチュアリ・フォー・キャッツ」という呼称になったのはこういういきさつだ。

このとき以来、アレッサンドラはぼくにとってもっともたいせつな友人の一人となった。彼女は動物の医療や健康管理のことなど、ぼくたちが切実に必要としている情報を提供し、ほかのことでもほんとうによくぼくを助け、支えてくれている。シリアにいるぼくと外の世界の人びとがつながれたのは彼女のおかげだ。これまでぼくは自分の趣味で猫のえさやりをしていただけだったけれど、アレッサンドラのおかげではるかに幅広い活動をするようになった。ただえさをあげるだけではなく、ちゃんと保護できるようサンクチュアリを作るというのはアレッサンドラの発案だった。

エルネスト・サンクチュアリはそのころぼくが住んでいたハナーノに作ることにした。ハナーノはアレッポのうんと北東のほうにあり、当時は戦闘地域から遠く離れていたのだ。

ぼくの家の向かい側には木がたくさん生えている広い空き地があった。ぼくはその土地を購入し、整地のための削岩機や地面をならす機械を手配して、十五日以内に簡単な猫シェルターとして使えるようにした。

ちなみに、戦争前ハナーノには三十万人ほどしか住んでいなかったのが、戦争中に五十万人近くまで増えた。ぼくがシャッアールから移り住んだように、より市の中心部に近い戦闘地域から逃げてきた人びとが多数流入したからだ。その結果ハナーノはすっかり人口密集地域になっていたので、ぼくがこの場所を確保できたのはとてもラッキーだった。

猫のサンクチュアリが人を助ける

アレッサンドラの予想は正しかった。猫のサンクチュアリは海外の人たちがアレッポの人びとの苦難に目を向けるきっかけとなった。世界中から、遠くは日本や韓国からも寄付が集まり、そのお金で同じ地区に住む二千人以上もの人たちを支援することができたのだ。

ぼくたちはまず、みんなに食糧を配ることから始めた。米、レンズ豆、えんどう豆などが詰まったカゴいっぱいの食糧のほか、米二キロ、粗挽き小麦二キロ、ギー（バターオイルの一種）二キロ、コーンオイルのボトル、チキンスープ十五袋を百二十世帯に届けた。これだけあれば次の配給をする半月ほど後までなんとか持ちこたえられる。

次は、エルネスト・サンクチュアリとして救助活動をするための装備を整えた。シリア・チャリティの目的は人間の救助にかぎられている。だから、保護が必要な猫を見かけてもシリア・チャリティの救急車に乗せるのは気が引けて、そのままにして立ち去るほかなかったのだが、自前の救急車があれば人間だけでなく動物も助けることができる。ぼくたちは古い車を買って救急車として使えるよう改造し、四台からなる救急隊を組織することができた。

そして、いよいよ身寄りのない猫たちを破壊された地域から連れてくる作業に取りかかった。爆撃が激しくなって住民が避難したあとには取り残された猫たちがたくさんいた。ぼくたちはアレッポ全域から百匹以上の猫たちをレスキューし、サンクチュアリに連れてきた。そして、猫がけがをしていたり、病気だったりした場合は治療し、世話をした。

もちろんぼくたちにできる治療なんてかぎられたもので、手に入る医薬品の量にも左右された。助けてくれる獣医師もいなかった。医師免許を持つ人たちはみんなもうほとんどアレッポを脱出していたし、猫どころか人間の医薬品も大幅に不足しているありさまだった。

だからぼくは自分が子どものころから培ってきた経験を頼りにするほかなかったけれど、フェイスブックグループの友人たちも助けてくれた。グループの中には獣医師も何人かいて、むずかしいケースではどうすればいいか助言をくれたのだ。自分たちにできるかぎりの手を尽くした結果、二〇一六年初頭までに合計百七十四ほどの猫をサンクチュアリで保護することができた。

アレッポの人たちはぼくたちの活動にも、そのあとに起こったことにもかなり驚いたようだ。まさか猫のおかげで人間にまで援助が回ってくるとは誰も想像していなかったにちがいない。みんなぼくのことをただの猫好きの変人だと思っていて、猫を助けることが自分たちにも恩恵をもたらすとはなかなか理解できなかったのだ。

人への援助では、まずは地域でもっとも貧しい人たちから始めた。たとえば、爆撃で負傷して手術が必要だったり、病気になったりした子どもを抱える家庭には、トルコに行って手術を受け、その後も治療を続け、薬を買う費用を出した。定期的な投薬が必要だが、その費用がまかなえない慢性疾患のある高齢者には、薬を買って提供したりもした。

老人ホームへの援助もした。定期的に食料品や医薬品を届けたり、高齢者の目でも見やすい特別な照明器具をホームに取り付けたりした。家族が避難したあと自分一人がホームに残ったというような高齢者もいて、ぼくたちが訪問すると非常に喜ばれたものだ。

サンクチュアリの土地をならし、さらに木を植えたときは、近所の人たちの家の前や、地域全体にも植樹した。当時はまだアレッポにも一つだけ苗木農家が残っていて、アブー・ワルド——アラビア語で「バラのお父さん」を意味する——というニックネームの男性が木や花などを販売していた。

ぼくたちは職人たちの手を借りて、砲撃で壁が壊された家や屋根がなくなった家をまた住めるように修理したり——夜の冷え込みが厳しい冬にはとくに重要だった——、砂や廃棄物を運び出したりした。救助活動をおこなっているホワイト・ヘルメッツなどほかのグループに対しても、食糧を提供したり、彼らの救急車の修理を手伝ったりして支援した。

子どもたちへの啓蒙活動

もう一つ、子どもたちを対象にサンクチュアリで始めたのは、猫についての啓蒙活動だ。ぼくは子どもたちにペットの幸せを考え、どうやってペットをケアすればいいか学んでほしいと願っていた。子どもたちの心に動物や人への愛と慈悲の種をまき、他者の苦しみを思いやれる大人になってほしかった。

嬉しいことに、この啓蒙活動は大成功だったと言える。アレッポが戦闘と爆撃にさらされている最中だったにもかかわらず、ほんとうに多くの子どもたちがこれに応えてくれた。こんな大変なときに動物のことなんて、と思う人も多いかもしれない。でも、子どもたちは戦争以外に気持ちを向けられる何かを切実に必要としていたのだ。

啓蒙活動にはぼくともう一人の若い男性のほかに、高等教育を受けた若い女性が二人加わってくれた。ぼくたち四人のチームは毎週のようにいろんな学校を訪問し、動物への接し方を子どもたちに教えた。

たとえば、病気だったり、お腹をすかせていたり、助けが必要な猫に対してはどうすればいいか。ぼくたちはこんなふうに子どもたちに語りかけた。

「猫のことを気にかける人は少ないよね。でも、ほとんどの猫は人間に食べ物をもらわないと生きていけないんだ。だからできるかぎり人間が猫を助けてやらなくちゃ」

「お父さんやお母さんに残飯を猫にあげるようにお願いしてね。お皿に入れて家の前に出しておけば、お腹をすかせている犬や猫が食べられるよ、ご飯を捨てて無駄にするよりそのほうがいいよってね」

学校に行って直接子どもたちに話をするというのはすばらしいアイデアだった。子どもたちはぼくたちのメッセージをまっすぐに受け取り、心にとめてくれた。ぼくたちが言ったことを忘れず、実際そのとおりやってみた子どもたちも大勢いた。

こちらから学校に出向くだけでなく、生徒たちのほうがサンクチュアリに来る課外活動も毎週おこない、ぼくたちがどんなふうに猫にご飯をあげたり世話をしたりしているのか説明した。

たとえば、道端で猫を見かけたら、まずは猫がこっちに向かって駆け寄ってくるかどうか見る。もし寄ってきたら、その猫に近づいて撫でても大丈夫。でも、猫がシャーッと言ったり、じっと動かなかったら、近づかないほうがいい。その猫は過去に人間にひどい目にあわされたことがあるのかもしれないし、何かショックを受けているのかもしれない。でも、そういう猫でも離れたところから助けてやることはできる。お皿に食べ物を入れて外に置いておけば、直接触らなくてもご飯はあげられる。子どもたちはぼくたちのこんな話に素直に耳を傾けてくれた。

最初のうちはこういう活動をしているとさんざん批判されたものだが、それは単にぼくたちがやっていることの意味がわからない人が多かっただけだと思う。なにしろたいていのシリア人は猫のことをうさんくさい動物だと思っているからだ。猫が食べるとき目をつぶるのは感謝の気持ちがないからだ、えさをくれる人のことなどどうでもいいと思っている、犬はもっと忠実なのに、というわけだ。

猫は美しくて愛情深いし、敏捷でたくましい動物だ。でも、たしかに一方では予測不能でずるがしこく、残酷な面もある。それに食べ物を盗むこともあるが、そうするとイスラムの法律では飼い主が弁償しなければならない。とにかく猫は表裏のあるわかりにくい生き物、とくに黒猫はトラブルメーカーで、友情を壊すとさえ思われているのだ。

これほど猫に対する偏見がある中で猫の保護活動について説明するのがどれだけ大変か、想像がつくと思う。でも、ぼくは人びとにこんなふうに言った。

「飼い主がみんなほかの国に行ってしまい、世話をしてくれる人がいなくなったこの猫たちは、家を失い、それでも国を出られない貧しい人たちとまったく同じ立場なんです。だから助けてやらなくては」

やがて、サンクチュアリの目的が猫を助けるだけでなく、困窮している人びとを援助し、救急システムを構築することでもあるとわかってくると、人びとの見方も少しずつ変わってきた。

子どもたちの遊園地

猫のサンクチュアリの次には、海外からの寄付で子どもたちのための遊園地も建設した。サンクチュアリのすぐ隣の敷地（しきち）に作ったので、子どもたちは両方の場所で遊ぶことができた。嬉しいことにこの遊園地は子どもたちに大好評で、近隣の学校の生徒たちも遠足に来るようになった。

フェイスブックグループの人たちはたくさんの遊具を寄付してくれた。たとえば、ニコレッタ。彼女の惜しみない寄付のおかげで船形の大型ブランコを買うことができた。アレッポでは「大きな船」と呼ばれる船形のブランコはとても人気がある。それは大勢の子どもたちがいっぺんに乗れる巨大なボートで、左右に大きくスイングしてとても高いところまで上がる。

子どもたちは「大きな船」に乗って大はしゃぎだった。遊園地はそのころはまだ戦闘地域の外にあったので、子どもたちも家族もここにいるときだけは絶え間ない戦争の恐怖から逃れることができた。

サンクチュアリとして親を亡くした子どもたちのためにできることを考え、スペシャルイベントを企画したりもした。フェイスブックの友人たちの提案で、大きなケーキとジュースにおもちゃを用意し、サンクチュアリや学校で子どもたちの誕生パーティを開くようになったのだ。このための費用もすべてフェイスブックグループの人たちの心温かい寄付でまかなわれた。

孤児となった子どもたちの人生は戦争でひっくり返り、混乱や困惑の中に放り込まれてしまっている。そんな子どもたちに少しでも喜びや楽しみをあげられるのはほんとうにやりがいのある仕事だった。ぼくたちは戦闘機がすぐ近くで爆撃しているような厳しい状況になったときでも、子どもたちのパーティは続けた。子どもたちの安全を守り、ほんのひとときでも恐怖や不安から逃れられる時間をプレゼントできたことを神に感謝している。

取り残された犠牲者を見つける

エルネスト・サンクチュアリとして自前の救急車を持ってからは、行きたいところに自由に行って救助活動をすることが可能になった。そこでぼくはすでに救助活動が終わっている遠く離れた地域にも行くようになった。というのは、もう犠牲者はいないと思われている場所でも、行ってみると、瓦礫の下に埋もれて見えなかった人たちが取り残されていることがあるからだ。

あるとき、ぼくは爆撃があったアレッポの旧市街のある場所に行ってみた。そこはすでにホワイト・ヘルメッツが救助活動を終えた場所で、もう犠牲者は残っていないと思われていた。でもぼくは負傷者が運び込まれた近くの野戦病院で、必死に娘を探している人たちの姿を見ていた。この人たちは誰か娘を救助した人はいないか尋ねて回り、病院から病院へと探し歩いていたのだ。

そこで、ぼくは爆撃された場所に戻り、見かけた人を捕まえて片っ端からその女の子のことを尋ねて回った。もしかしたらけがをして声を出せずにいるのかもしれない、だから誰も気づかなかったのかもしれないと思い、全域を隈(くま)なく探し回った。子どもたちは爆発の衝撃でびっくりするほど遠くまで飛ばされることがある。ときには爆撃を受けていない建物の屋根まで飛ばされ、そこで遺体が見つかることもあるのだ。

ありがたいことに、ぼくはその女の子が建物の階段の下に隠れているのを見つけた。まだ六歳のその子は恐怖で麻痺(まひ)してしまい、ショック状態にあった。目は見開いていたけれど、話すことはできなかった。だから大声で叫ぶことも助けを呼ぶこともできなかったのだ。救助隊はその建物に四十五分ほどいて、ほかの人たちを瓦礫の中から助け出したのだが、その子がまだいることには気づかなかった。

ぼくが女の子を病院に運ぶと、そのニュースが地域の病院にいっせいに伝わり、それを聞いた家族が駆けつけてきた。その家族はアレッポを離れたので、女の子がその後どうなったかはわからない。

これに似たようなケースがＢＢＣでも報道されたことがあった。民間防衛隊は負傷者を一人残らず病院に搬送したつもりだったが、小さな女の子がまだ残されていたのだ。ぼくもその場にいて、彼女のきょうだいたちをサーフール病院に搬送していた。そして、ほかにも犠牲者がいないか探しに戻ったところ、その女の子が通りに横たわっているのを見つけたのだ。埃にまみれてすっかり白くなっていたためほとんど石と見分けがつかず、見過ごされたのだった。

誰かが救急車の中にいるこの子をビデオ撮影し、それがＢＢＣで放映された。女の子の肝臓には爆弾の破片が刺さっていた。口にもけがをし、腕は折れていた。でも意識がなかったから、痛みは感じていなかったはずだ。

ぼくはその後もときどきこの子の様子を見に行った。猫のサンクチュアリと遊園地にも連れていった。ぼくたちの遊園地で遊び、猫たちとふれ合って、女の子は声をあげて笑った。あの子の笑顔を見られてほんとうに嬉しかった。

こうしてサンクチュアリのプロジェクトがどんどん発展していく間、いつもぼくのそばにいてくれたのはあの特別な猫、エルネストだった。ぼくが外で人の救助をしている間も、エルネストはぼくが帰るのをずっと待っていた。

ぼくにとって、エルネストは「縁起がいい」猫だ。古い言い伝えに「猫がそばにいてくれれば悲しみは消え去る」というのがあるが、ほんとうにそのとおりだった。

エルネストはすべての始まりからずっとぼくといっしょだった。初めてフェイスブックグループの友人たちと知り合ったときも、初めて近隣の人びとを援助するための資金を受け取ったときも、そばにいた。

ぼくの祖父母はいつも言っていた。猫は幸運を運んでくれる、と。猫が食べているときは、自分に食べ物をくれた人に幸運を授けてくださいと神様に祈っているんだよ、と。ほんとうにそのとおりだ。

第４章　破綻した戦争

妻子との別れ

ぼくの妻と子どもたちは二〇一五年の後半、カステロ・ロード周辺への爆撃が激しくなった時期にアレッポを去った。

そのころまでにはロシアがシリア政府に加勢して参戦し、東アレッポへの空爆を始めていた。東アレッポにつながる唯一の道であり、人道援助も燃料も食糧も医薬品もすべてが通る生命線であるカステロ・ロードを封鎖しようとしていることは明らかだった。

じつは妻は親族のいるトルコのイスタンブールへ子どもたちを連れて避難したいと二ヵ月ほども言い続けていた。ぼくには救助活動の仕事があるからアレッポを離れられないのはわかっていたけれど、妻にはもうアレッポには頼れる人がいなかったのだ。イスタンブールにいる妻の親族はアレッポが封鎖される前に脱出するよう言い続け、実際、ぼくたちの周りでも人びとが続々と避難を始めていた。

だが、外に出る道はカステロ・ロードしかない。ぼくはそこがどんなに危険かよく知っていた。妻や子どもたちは政権軍だけでなく、ＰＫＫ（訳注：クルディスタン労働者党。自分の国を持たない世界最大の民族であるクルド人が独立国家建設をめざしてトルコで結成した武装組織。本書でＰＫＫと記されているのはその姉妹組織であるＰＹＤ＝クルド民主統一党のことではないかと思われるが、原著の記述に従ってそのままにしてある）や盗っ人たちのターゲットにされるかもしれない。当時、政権軍とクルド人は結託していて、アレッポを出る市民たちをすべて反体制派の自由シリア軍の兵士たちの家族とみなしてターゲットにしていた。

カステロ・ロードに出るには建設中の青年住宅の横を通らなければならないが、クルド人たちはまだ建設が終わっていないその建物を占拠し、脱出しようとする人々をそこから銃撃した。逃げられないようにするために、あるいはただ負傷させるために。ぼくはそれをこの目で見ている。

盗っ人たちはどの組織ともつながりはなかったが、アレッポから逃れる人たちが持ち出すありったけの貴重品を盗もうとしていた。あまりに大勢の人がカステロ・ロードで負傷したり、命を落としたりしたため、ぼくたち救助活動に関わる者は人びとに脱出を試みるのをやめるよう忠告していたぐらいだ。

そういう状況だったから、ぼくは自分の家族に危険をかいくぐって行かせることを非常に躊躇した。でも妻は、もしアレッポにとどまったらもっと悪いことが起こるのではないか、どうせあなたは仕事で忙しくていつもいないし、と言う。

たしかに妻の言うとおりだった。それでもぼくは彼らの出発を遅らせ続けた。たとえば、爆撃を避けてぼくの姉のところに数日間避難し、爆撃が終わるとまた家に戻るとか、なんとか脱出以外の方法で安全を確保しようとした。

ところがある日、カステロ・ロード付近で待機していたときのこと。ぼくの車のほうに一台のイエロータクシーが近づいてきた。なんと中には妻と子どもたちが乗っていて、手を振っているではないか。妻はその日ついに脱出を決行することにしたのだ。

ショックだった。でも、もうとどまるよう説得することはできなかった。自分の家族がついにアレッポを去ろうとしている——そのことが一気に現実として迫ってきた。

そこで、ぼくはタクシーのすぐ後ろについてカステロ・ロードを走ることにした。彼らが標的にされたときにはすぐ助けられるように、あるいはぼくたち全員が狙われたとしても、少なくともみんないっしょに死ねるように。

カステロ・ロードには砲撃による穴がたくさんあいており、いたるところに爆弾の破片や破壊された車が散らばっていたため、ごくゆっくりとしか進めなかった。通行できない箇所があちこちにあり、舗装された道路から赤土の横道にそれて迂回しなければならないこともたびたびあった。タイヤや車台を破損する恐れがあるためスピードを出すのは不可能だった。

爆撃があった日は食糧や援助物資が通れるように民間防衛隊の人たちが道路のかたづけや修復作業をする。ところが、その日は銃撃の音も聞こえず、まるで戦争などどこかに行ってしまったかのようだった。ぼくたちは誰からも銃撃されなかった。アレッポを出て、順調にカフル・ハムラ、バービース、マアッラ、バシャントラ、そして東部のへんぴな村々を抜け、ある村——現在ぼくが住んでいるところ——に着いた。

その村で二日間待機したあと、妻と子どもたちはトルコに密入国するほかの人たちとともに旅立った。ありがたいことに、当時トルコ国境の管理はまだそれほど厳しくなかった。

家族が行ってしまったあと、ぼくはへなへなと力が抜けて、もう立っているのさえやっとだった。正直、打ちひしがれてしまったのだ。でも、彼らが無事アレッポを離れることができてほっとしたのも事実だ。たまたま出発した日に爆撃がなかったのはほんとうに幸運だったし、アレッポを出たのも賢明な決断だった。なぜなら、家族がアレッポを出た一ヵ月半後、ぼくたちが住んでいた建物は空爆を受け、一部損壊してしまったからだ。

また、トルコ国境での手続きもその後はるかに厳しくなった。国境を越えようとした人びとがトルコの国境警備隊によって殺されさえした。トルコはいったんアレッポの封鎖が始まったら大勢の人たちが脱出しようとするにちがいないと気づき、国境を完全に閉じてしまったのだ。

ぼくの家族は無事イスタンブールにたどり着いた。彼らが親族の庇護(ひご)のもとでもう安全だとわかると、ぼくはひたすら仕事に没頭した。家族が行ってしまったことで、救助活動へのモチベーションはむしろ高まった。アレッポに残るという自分の決断を意味あるものにしたかったからだ。

歴史に残る映像

その少年はショック状態だった。「アスマー」と妹の名を呼びながら、泣き叫んでいた。手に持っているサンドイッチには爆弾の破片が刺さっている。砲撃で家が破壊され、衝撃で通りまで吹っ飛ばされたにもかかわらず、サンドイッチは離さなかったらしい。

おそらくこのサンドイッチが彼の命を救ったのだろう。それがなければ、破片は体に突き刺さっていただろうから。ぼくは少年の手からサンドイッチを取ってわきに置き、汚れた顔を拭いてやった。

地べたに横たわる妹アスマーの遺体も見つかった。ところがなんと悲惨なことに頭部が見あたらない。子どもたちの家の前にあった店の壁が激しい砲撃で吹っ飛んでいたから、相当遠くまで飛ばされてしまったのだろう。ハナーノ地区の家はどれも老朽化していて脆（もろ）いものばかりだった。

しばらく探したあと、アスマーの頭部が高いところにある看板に引っかかっているのが見つかった。ぼくたちはなんとかそれを取って下ろし、救急車の中に横たえた遺体のそばにそっと置いた。そして、兄にしたのと同じように、彼女の顔を拭いたときのことだ。なんと、一瞬アスマーの目が開いたのだ。どうしてそんなことが起こったのかわからない。でも、神に誓って言うが、ほんとうに目を開いたのだ。かわいそうなアスマー。まだたった一歳だった。

ぼくは救急車にアスマーの父親と兄を乗せ、病院に向かった。父親は息子の隣に座り、赤い服を着た小さな娘をずっと腕に抱いていた。その様子をアレッポ・メディアセンターの写真家がずっとビデオに撮っていた。その映像が広く世界に流されたおかげで、この親子は視聴者から多くの支援を受けることができた。彼らがいまどこの国にいるのか知らないけれど、どうか安全でいてほしいと思う。

この出来事はいまもぼくの心に深く残っている。それは二〇一六年、アレッポで一連の樽（たる）爆弾による集中攻撃が始まったころのことだった。それ以前はまだそれほど爆撃は激しくなかったのが、このころから多数の犠牲者が出るようになった。この家族はその最初のほうの犠牲者といえる。

あの映像はほんとうに胸が張り裂けそうになるほど悲痛なものだった。

「いま撮っているこのビデオはきっと歴史的な記録として残るよ。そして、ぼくたちの苦闘は永遠に記憶されるはずだ」

ぼくは撮影した写真家にこう言った。あの日のことを、ぼくはけっして忘れないだろう。

血を見ても動じなくなった

以前のぼくたちは血を見ると動転したものだった。でも、いったん戦争が始まってみるとしょっちゅう人の遺体の一部や血を目にするようになり、そのうち慣れっこになってしまった。

戦争の初期のころ、ぼくは瓦礫（がれき）の中に埋まっている男性の遺体の一部を掘り起こしたことがある。そのころのぼくはまだ救助の仕事を始めたばかりで、血を見てくらくらし、ほとんど気を失いそうになった。いまからすると信じられないことだ。

救助の仕事をするためには、こういう光景を見ても動じないよう心を鍛えなければならない。やがてぼくは素早く動き、状況に対処することを身につけた。そうすると悲惨な光景を見てもショックで血圧が下がって失神するのを避けられるとわかったのだ。以前はじっと立っている状態で血を見ると気が遠くなったものだったが、いまではこうした体の反応を制御できるようになった。今日までの七年間に何千もの人たちを救助したけれど、一度も気絶したことはない。

救助活動をしてきた年月はほんとうにハードで、七年なんかじゃなく、七十年にも匹敵するような気がする。でも、自分のことはどうでもいい。ぼくにとっては子どもたちや動物たちのほうがずっと大事だ。ひどいことをしているのは大人たちなのに、この戦争でいちばん大きなつけを払わされているのは彼らなのだから。

救助中の理不尽

悲しいことだが、ときには救助活動をしているぼくたちが負傷者の家族から暴力を受けることもある。

ある日ぼくは夫婦が乗ったトラックが銃撃を受けて炎上したと無線で連絡を受け、カステロ・ロードに急行した。カステロ・ロードを通行する車の多くはガソリンタンクを積んでいるので、銃撃されたら簡単に炎上してしまう。その女性はトラックの中に閉じ込められ、服に火がついて背中にやけどを負っていた。

無線は複数の子どもを含む一家も近くにいると伝えてきた。でもその一家がどこにいて、どんな状況なのかがよくわからない。そこでぼくはバイクの若者たちにその人たちを探しに行くよう指示し、背中をやけどした女性は救急車に乗せて待機することにした。

ところが、女性の夫はなぜ待たなければならないのか理解できず、「行け、早く行け！」とぼくをどなりつけた。女性はたしかに痛がってはいたが、やけどの程度はⅡ度で、危険な状態ではない。命に関わるようなものではなく、待っていても大丈夫だとわかっていた。

でも、もしかしたら子どもたちは重傷で、救急車で運ぶ必要があるかもしれない。近くにほかの救急車両はいなかったから、どうしてもぼくがそこにいる必要があった。バイクの若者たちが子どもたちを連れて戻ってくるまでは出発できない、とぼくは男性に言った。

すると、なんと彼はぼくをぶん殴ろうとした。救急車を奪い、妻を乗せて走り去ろうとしたのだ。あやうく車の鍵をもぎ取られそうになったため、鍵を遠くに投げなければならなかった。まったく頭に来たが、死に物狂いになっている人からこういう目にあわされたことはじつは何度もある。

その後、負傷した子どもたちを乗せたバイクが戻ってきた。車の窓が砲撃で砕け散ったため、子どもたちの顔や肩はガラスの破片で傷だらけになっていた。幸いけがの程度は軽かったが、子どもたちはすっかりおびえきっていて、まるで溺れかけていたところをぎりぎりで助けられた、といった風情だった。ぼくは子どもたちを病院に運んで治療が終わるまで待ち、家に送り届けた。子どもたちが大丈夫だったのはよかったものの、その日はなんとも苦々しい一日となった。爆撃や砲撃ならともかく、助けようとしている相手から危険な目にあわされるなんて理不尽としか言いようがない。自分にできることをしようとしているだけなのにと思うと、切なかった。

猫がいないとネズミがいたずらをする

シリアの戦争はあまりにひどい。ぼくの知るかぎり、これほど過酷で大規模な戦争が起こったアラブの国はほかにないのではないか。政権と反体制派はもちろんだが、介入した諸外国の責任も大きい。当初は平和的な革命だったものが、他国が介入したせいで戦争に変わってしまった。

アサド政権と戦った最初のグループは自由シリア軍で、彼らは心底政権を倒したいと思って軍を離脱したあらゆる階級の兵士たちだった。ところがその後、ISIS（訳注：イラク・シャーム・イスラム国。のちにIS＝イスラム国と改称）やヌスラ戦線（訳注：シリアのアルカイダとも呼ばれる）のような宗教色の濃いジハーディストの武装組織が次々と反体制側に参入してきた。もともとはシリア革命として始まったはずのものが、それでめちゃくちゃになってしまった。

シリア人のほとんどは穏健なイスラム教徒で、イスラム教徒でない人たちに対してもオープンで寛容だ。だが、これらジハーディストたちはぼくらとは異なる思想を持っていた。彼らがアサド政権を倒したかったのは、政権が腐敗し、残酷だからではなく、〝不信心〟だから。アサド政権と同じくらい腐敗して残酷なイスラム政権と取り替えたかっただけなのだ。

政権と反体制派、そして反体制派の武装組織どうしでの戦闘によって、あまりに多くの一般市民が殺された。市民の殺害について、ぼくはすべての勢力を等しく非難する――彼らが何者で、戦っている理由がなんであろうと。

アレッポの大部分、とくに旧市街はこの戦争で破壊されてしまった。反体制派は武器を取ったとき、人びとが密集して暮らす地域ではなく、もっと人の少ない地方か、もしくは国じゅうのあちこちにある政権軍の基地を攻撃するべきだった。政権を倒したいなら、どこにも逃れる術(すべ)がない貧しい人びとが暮らす場所ではなく、そういうところに行って戦うべきだったのだ。

貧しい人たちの居住地に入ることによって、彼らは政権軍よりもっと大きな被害をもたらした。これら反体制派が町に入ってきたとき、革命の運は尽きたとぼくは思う。なぜならシリアの政権は一般市民のことなどなんとも思っていないからだ。政権は自分たちの支配が効かなくなった地域を爆撃し、焼き尽くして破壊することなど平気だからだ。

ぼくが思うには、シリアで起こっているのは破綻した戦争だ。反体制側は自由と民主主義のために戦っていると言い、政権側は国の統治を守り、権力を保持するために戦っていると言うが、どちらも大失敗している。でも、最大の敗者はいつだって市民なのだ。家を失い、仕事を失い、家族や子どもたちも失って……。

この戦争で、あまりに多くの子どもたちが親を亡くし、あまりに多くの人びとが負傷し、障害を負った。三百万人以上もだ。シリアは悲劇の国になった。自分が生きているうちに自分の国がこんなありさまになるのを見る日が来ようとは、考えたこともなかった。

この戦争がもたらしたもう一つの争いは、家族間の仲たがいだ。人びとはこれまでは議論したこともなかったようなことで言い争うようになった。お互いの考えに異議を唱え、かつてのように違いを受け入れなくなったのだ。シリアでは離婚率はとても低く、二パーセントほどだったのが、急激に上がった。こんなことはいままでなかった。このことが長期的にどんな影響をもたらすのか、時間が経(た)てばわかってくるのだろうけれど、ぼくは子どもたちへの影響を心配している。家庭が壊れ、両親が別々の場所で暮らすことで、誰より影響を受けるのは子どもたちだから。

戦争が社会に与えたインパクトは甚大だ。さまざまな変化を目にした中でも、人びとの精神や行動に与えた影響はとくに大きい。人びとは助け合いもしたけれど、互いに中傷し合ったりもした。中には犯罪者になる者もいた。この戦争がどれだけぼくたちの社会を傷つけたかを物語るエピソードがある。それはぼくが以前の職業柄よく知っている電気に関する話だ。

アレッポでは電気の供給はほかの町と同じく国営だったが、戦争の前からも停電することはしょっちゅうあった。だからホテルのような場所や事業主はたいてい自家発電機を持っていて、とくに夏場は停電に備えていた。戦争が始まったあとも最初のころは通常どおり電気が供給されていたが、三年経つといつもの停電がもっとひどくなり、やがて二〇一五年の終わりには完全にストップしてしまった。それには理由がある。

初期のころの革命はまっとうだったかもしれないが、しまいには盛大な盗み合いになり下がってしまったからだ。ケーブルや発電機は往々にして自由シリア軍の名を騙る人間たちによってすべて盗まれてしまった。しかも連中はそれらの発電機をよりにもよって政権の支配地域に持ち込み、売りさばいていたのだ。

容量にもよるが、発電機が一つあれば、二千戸から五千戸の家に電気を供給できる。発電機は非常に高価なので、盗まれてしまうともう買えない。そして、発電機がなければ、ぼくたちに電気はない。電気が止まったときは、まるで空気を取り上げられてしまったかのようだった。

盗っ人たちはケーブルまで盗み、銅線から銅を剝ぎ取って売り払ったため、ぼくたちは銅線の代わりに物干し用の鉄のワイヤーを使わなければならなかった。盗っ人どもは盗むやいなや素早くほかの地域に移動してしまうので、あとを追うこともできなかった。連中は発電機がまだ残っているエリアに見張り番を立てておき、人がいなくなったときを狙って盗みに入る。だから盗難はもっぱら夜間に起こった。

あるとき、ぼくたち住民は盗まれた電線や電話線が自分たちの地区に近い道路を通って運ばれているというのを聞き、現場を押さえることにした。盗難が起こっていたのは四万を超える工場があるシャイフ・ナッジャールという大きな工業地帯だ。この地域は戦争で大きな被害を受け、焼け落ちた建物が並ぶ不毛の地と化していたため多くの工場が略奪された。盗っ人たちはセメント工場のある一帯を解体し、そこからアレッポ市内に入っていた。

ある日、ぼくたちは盗っ人たちに不意打ちを食らわせた。自衛のために武器を持ち、いきなり相手の目の前に現れて道路に立ちはだかったのだ。そして、自分たちは市民による治安組織で、イスラム過激派ヌスラ戦線の一員だとハッタリをかました。過激派は盗みをした者の手を切り落とすので非常に恐れられていたからだ。

案の定震え上がった盗っ人たちはトラックを置いて逃げ去り、神のご加護のおかげで撃ち合いはなかった。トラックの中には盗まれた変圧器が二台あった。ところが、それを誰のところに持っていけばいいのかわからない。国も政府もない無法状態だから、下手な相手に渡すと転売されたり、盗まれたりする可能性がある。だが、自分たちの手元に置いておくとぼくたちが盗んだと疑われてしまう。

そこでぼくたちはＩＳＩＳ、ヌスラ戦線、自由シリア軍、そして、北部の地方から来た武装組織の四者が集まって結成した「美徳促進・悪徳防止委員会」に変圧器を渡すことにした。治安を守り、盗難を防ぐというのが委員会の名目だったからだ。ぼくたちは人びとから盗まれた変圧器を取り戻せて嬉(うれ)しかったし、当然委員会はそれを住民のために使うものと思っていた。

ところが、そうではなかった。彼らがやっていたのは盗品を集め、それらをまた盗っ人たちに競売で売ることだったのだ。彼らは鉄と銅についても同じようなことをやっていた。重要な地位にいる人たちは、宗教関係者も含め、みな腐敗した盗っ人ばかりだった。要するに自分たちがすべて支配したかったんだろう。

シリアにはこんなことわざがある。「猫がいないとネズミがいたずらをする」。つまり、権限を持った者が見張っていないと、人は普通だったらしないようなことをいろいろするということだ。住民が避難したあとの町に入った兵士たちが住宅に入り込み、盗めるものはなんでも、それこそ電線から窓枠にいたるまで盗んだというのは、そういうことなのかもしれない。

この戦争は国をめちゃくちゃにした。あまりに多くの人たちが犯罪者になってしまった。

第5章　戦火の下で

携帯電話のために死ぬ気はない

　その男性の車は砲撃を受けて走行不能になり、開けた場所にさらされていた。このままだとスナイパーの標的になってしまう。ぼくは急いで救助に駆けつけた。

　幸いにして、彼のけがは腕や肩にいくつか破片が刺さっただけで、たいしたことはなかった。ぼくは男性を車から担ぎ出し、救急車代わりのバンに乗せて、住宅の地下室を改造した近くの野戦病院に向かった。東アレッポの病院は爆撃を避けるため、すべて地下に移ることを余儀なくされていた。

　男性はまだしゃべる元気があった。自分は携帯電話ショップを経営していて、一万二千ドル相当の携帯電話が入った箱を車に積んであると言う。

「あの箱を取ってきてくれたら、君に千ドルあげるよ」

そんな危険なことを頼むなんて、正気か？

「ぼくに携帯電話のために死ねって言うのかい？」

それでも彼は懇願した。

「あの携帯電話は私の全財産なんだ。お願いだから箱を取ってきてくれないか。孤児たちを助けるためのお金なんだから」

ぼくは断った。

「どうせいまごろはもう盗まれてるよ」

孤児たちのためのお金だなんて、もちろん嘘に決まっていた。

カステロ・ロードで死ぬ理由はいくつもある。人や猫を救うためならいい。でも携帯電話のために死ぬ気なんかさらさらなかった。

スホイ25とスホイ26

このころ、ロシア軍のスホイ戦闘機による爆撃が頻繁にあった。スホイというのは高速の一人乗り戦闘機だ。最初に登場したのは一九八一年で、アフガニスタンに侵攻したソ連の地上部隊を援護するのに使われた。古い戦闘機だが、シリアでの爆撃をこなすには十分だった。反体制側には戦闘機もなければ対空兵器もなく、空爆する側にしてみればなんの脅威もなかったわけだから、より洗練された戦闘機なんて必要なかったのだ。

スホイのエンジン音はばかでかくて、ロシア軍が空爆に来るとすぐわかった。

ぼくらは叫ぶ。「気をつけろ！　スホイが来るぞ！」

スホイ戦闘機には25と26がある。26は25より小型で、当時シリアではまだ登場したばかりだったが、この戦闘機にはさんざんやられたものだ。

じつはスホイ25とスホイ26はぼくが保護した猫の名前にもなっている。猫のスホイ25は破壊され、打ち捨てられた地区にひとりぼっちでいた。爆撃と爆発音で相当トラウマを受けていたんだろう。彼を捕まえるのは大変だった。なんとか信頼してもらってサンクチュアリに連れていけるよう、いっしょうけんめいなだめすかさなければならなかった。

新しい猫を連れて帰ったときはいつも二、三日ほど様子を見るが、この猫はじつにすばしこい奴だとわかってきた。食べ物をもらうときはとくに。あっという間に肉に飛びついてかっさらい、誰にもじゃまされない空いた空間めがけてまたダッシュし、そこで食べる。その走り方とスピードが戦闘機並みだったので、「スホイ25」と名付けたわけだ。

もう一匹、「スホイ26」と呼んでいる猫はスホイ25より年上で、通りに棄てられているところを見つけた。もともとはペットだった猫なので、とても人なつっこい。スホイ26は壁の上からジャンプして、なんと二メートルも宙を飛び、ぼくの肩に着地する。こんな軽業ができる猫はまずいないだろう。ぼくはほかに見たことがない。ほとんど空を飛べるこの猫――〝飛んで〟いる写真やビデオもたくさんある――には「スホイ26」の名がぴったりだ。

狙われた市民の生活

政府が自分の国の町や市民を爆撃する――この戦争でぼくが見たことや経験したことを、いったいどう言葉にすればいいだろう。学校でちゃんと勉強したことがないこのぼくでさえ、第二次世界大戦でロシアのスターリングラードを包囲したのは敵国ドイツだったと知っている。ところが、ここアレッポでは、政府が戦闘機を飛ばして自分の国の町や人びとを滅ぼそうとしているのだ。自国民を攻撃するなんて、ぼくには理解できない。

でも、昼夜を問わず爆撃されているうちに、政府のターゲットはぼくのような普通の市民なんだということがはっきりわかってきた。彼らが爆撃するのは建物だけじゃない。ぼくたちの暮らしそのものを破壊しようとしていたのだ。

状況が落ち着いているときには、アレッポでは「普通の」生活が続いていた。爆撃がない「普通の」日には、みんな外出し、いろいろ用事をしたものだ。多少の爆撃があっても、人びとはパンや野菜を買いに出かけていた。二〇一六年七月に包囲が始まるまではまだ野菜市場が機能していて、北部に広がる田舎から野菜を仕入れることができた。だが、淡々と日常生活を続けつつも、市場の近くが爆撃されたらすべてを放り出してただちに避難し、安全になるまで待たなければならなかった。

シリアでは、野菜や果物は通りに立ち並ぶ市場で買うのが普通だ。欧米にあるような大型のスーパーマーケットは二〇〇〇年代初めにバッシャール・アル＝アサドが政権に就いてから一つか二つ建ったが、ぼくたちの文化の一部にはなっていない。アレッポには二〇〇八年にできたシャハバーというシリア最大のショッピングモールがあるが、それは富裕層向けだ。一般の人が毎日買い物に行くのは市場だった。

パンはぼくたちの主食だから、家族の誰かが毎日必ずベーカリーに出かけ、家族全員のために焼きたてのパンを買う。それはたいてい男性の役目だが、中には女性もいる。ベーカリーはどれも小さいので、みんな中には入らず通りに面した受け渡し口に並んで、その日必要な分量のパンを買う。ぼくたちは女性、とくに母親は大事にしなければならないと教えられて育ったから、女性が来たら列の先頭に通したものだ。

こういう買い物の習慣のため、通りにはいつも大勢の人たちが並んでいるので、爆撃されたら甚大な被害が出る。だから政権軍とロシア軍は真っ先に市場やベーカリーを狙った。しかも、わざと市場がいちばん混んでいる時間帯——早朝と夕方——に合わせて。ベーカリーも、パンを買う人の列がいちばん長い朝の時間帯を選んで攻撃した。市場やベーカリーの外に並ぶのはまるで爆撃してくださいと言っているようなものだった。日常の買い物一つするのも命がけで、生きて帰れるかどうかわからないなんてどんな生活か想像できるだろうか。

政権側がなぜ市場やベーカリーを狙うのか、ぼくにもその理屈はわかる。だが、学校のように人が集まって学ぶ場所や、病院のように手当てを受ける場所まで狙われるなんて思ってもいなかった。でもそのうち、これこそが政権の魂胆なんだとわかってきた。病院を爆撃するのは、どこにも逃げ場はないぞ、というメッセージなのだ。けがをして救助され、運ばれた先でも爆撃されるなら、安全な場所などどこにもないのだから。

ぼくはスホイ戦闘機を見上げながら、ときどき思うことがあった。戦闘機に乗っているパイロットたちは何を考えているんだろうと。そもそも考えたりすることがあるんだろうか？　ぼくたちの頭上にクラスター爆弾を落とし、それでどれだけ多くの人が傷つき、殺されるかわかっていて、何か喜びを感じているのだろうか？

この人たちがどうして人間でいられるのか、ぼくには理解できなかった。シリアの戦闘機に乗っているのは同じシリア人なのに。ロシア人のように外国人ならまだわかる。たぶんスターリングラードのように、外国人どうしの戦いだと違うのかもしれない。

だが、スターリングラードと違うのは、この戦いはあまりに不平等だったということだ。同じ条件で戦う対等の敵どうしではなかった。ぼくたちには戦闘機を撃ち落とす武器も空中戦を交える戦闘機もなく、下のほうで自分たちの運命をただ待つ無力なアリのようなものだった。白昼堂々とアレッポの上空を飛び、爆弾を落としてまた飛び去っていく戦闘機がまったくむとんちゃくに見えたのも当然だ。こちらがどれだけ無力かわかっていたのだから。

市場やベーカリーを狙う以外にもう一つ見えてきたパターンは「ダブル・タップ」という爆撃の手法だった。空爆したあと、また数分後に同じ場所に戻って爆弾を落とすというやり口だ。そのころには瓦礫（がれき）の中に埋まっている人びとを救出するために救急隊員たちが到着しているからだ。ぼく自身、何度その一人として現場にいたことか。大急ぎで負傷者を助け出したあとは、救急車に乗せて全速力で病院に運ばなければならなかった。病院といっても立派なものではなく、爆撃を避けるため地下室や貯蔵庫に作ったできあいのクリニックだったが。

救急搬送の困難

現場に救急救命士がいることはめったになかったので、ぼくたちボランティアの救急隊員は自分で考えて臨機応変に対応し、運転もしなければならなかった。たいていいつも一人だから、すべて独力でこなさなければならない。病院に到着すると、車から負傷者たちを下ろし、中に運び込むわけだが、一人でこれをやるのはなかなか大変だ。

あるときヘルワーニーエ地区から搬送した負傷者のことはいまも忘れられない。その男性が乗っていたトラックは炎上し、服にも火がついて燃えていた。民間防衛隊は彼を車から引っ張り出し、毛布で覆って火をもみ消したあと、同じ毛布でこの男性をくるんでぼくの救急車に乗せた。

ぼくはもちろん病院に向かって全速力で飛ばした。ヘルワーニーエのロータリーからダールッシファァー病院まではまっすぐな一本道で、ほんの一、二分だった。ところが、病院に着き、男性を下ろそうと後部のドアを開けると、なんと車が燃えていた。猛スピードで走っている車の窓から乾燥した空気が車内に流れ込んだからなのか、男性をくるんでいた毛布にまた火がついてしまったのだ。その気の毒な男性は毛布の中で燃えていた。

もしかしたら、この男性を救急車に運び込んだとき、まだ火が完全に消えていないことに誰も気がつかなかったのかもしれない。もしくは、火はいったんは消えていたけど、ぼくが猛スピードで車を走らせたために、煽(あお)られてまた燃え上がってしまったのかもしれない。

救助活動をする中でこういう問題に直面するのはしょっちゅうだった。砲撃の最中、煙や埃(ほこり)や火が舞い上がり、大勢の人がパニックにかられて逃げまどっている——そんな状況では考えている暇はない。ぼくたちは瞬時に判断を下さなければならなかった。

病院に到着したとき、この男性はまだ息はあったけれど、死にかけていた。彼が助かったかどうかぼくにはわからない。けがをしたのが腕や足などで比較的軽傷の場合は別として、病院に運んだ時点でその人が助かるかどうかわかることはまずなかった。

アレッポには複雑でむずかしい手術をする人員も医療器具もなかったから、重傷の人は通常すぐトルコに移送された。移送する救急車がないか、不足しているときは、ぼくが自分の車で国境まで負傷者を送っていかなければならないこともあった。でも、ぼくとしてはなるべくアレッポ市内で救助活動をするほうがよかった。戻ってこられなくなるのが心配だったからだ。猫のサンクチュアリや自分の地域の人たちのことを思うと、できるだけ市外には出たくなかった。

人間を救出しに爆撃された場所に行くと、保護を必要とする動物に出会うこともあった。動物たちだって犠牲者であることに変わりはないのだ。あるとき、瓦礫の下敷きになった猫を助け出すのに、民間防衛隊のホワイト・ヘルメッツが手を貸してくれたことがある。六、七人の隊員が四十五分ほどもぼくといっしょになって奮闘してくれた。たまたま現場に写真家がいて一部始終を撮影したので、ホワイト・ヘルメッツが猫の救出活動をしたこの出来事は有名になった。

その猫は苦痛のあまり鋭い声で鳴きわめいていた。ぼくたちは猫をサンクチュアリに連れて帰り、折れた太ももに副え木(そぎ)を当ててやった。腹部にも大きなけがをしていたけれど、簡単なことしかしてやれなかった。獣医師はいないし、病院は人間の負傷者であふれていて、動物の手当をする余裕なんてない。せめて自分たちにできることとして、ぼくと救急救命士の友人は猫の腹部を縫い合わせた。でも、悲しいことに、その猫は三日しか生きられなかった。

学校が標的になった

この時点までの戦争の犠牲者の多くは高齢者だった。この人たちはどこか別の場所に避難して一からやり直すにはもう年を取りすぎていて、ここで死ぬほかないとあきらめていた。もちろんどちらの側でもなく、自分たちにはなんの責任もない戦争に巻き込まれてしまったわけだが、何が起ころうと最後まで見届ける覚悟だったのだと思う。

一方、子育て中の若い人たち、お金がなくてアレッポを出ていけない人たちは何度も一からのやり直しを強いられていた。住んでいる地区が爆撃されて家を失うと、そのたびにまた市内の別の地区に移り住まなければならない。ところが、そこでもまた戦闘が始まったり、爆撃を受けたりする。中には何度も繰り返し引っ越さなければならなかった人たちもいた。そのことが子どもたちに与えた影響は計り知れない。

学校までが爆撃のターゲットになった。おそらく政権は子どもを狙えばぼくたち大人の気を挫くことができると思ったのだろう。子どもを殺されたら大人は精神的に参ってしまい、ギブアップするにちがいない、と。

学校への爆撃がパターンになってからは、ほとんどの親が子どもを学校に通わせるのをやめてしまった。学校に行かせたらもう二度と戻ってこないかもしれないと思ったからだ。ぼく自身何度も爆撃された学校の現場に行き、中に閉じ込められたり、瓦礫の下に埋もれたりしている子どもたちを救出したことがある。

そこで、高等教育を受けた母親たち――中には教師もいた――は、自分たちの家の地下室で教室を始めた。戦争前のようにスクールバスで学校に通うのは不可能になってしまったけれど、こういう手作りの学校なら短い距離を歩くだけで通えるからより安全だった。

近くの教室に通うのさえ危険すぎるような地区に住む人たちは、また別の手段を考え出した。そこでいちばん年長の子どもが先生になり、年下の子たちに読み書きや計算の仕方を教えるのだ。でも、まさかほんの九歳や十歳で先生役をしなければならなくなるなんて、その子たちは思ってもみなかっただろう。

自衛のための工夫

ぼくたちは当初、この戦争はあくまで一時的なもので、そのうち終わるだろうと思っていた。国連のような大きな国際組織があるんだから、きっと紛争を止める道を見つけてくれるにちがいない、と。戦闘の様子や戦争の被害を撮影した写真やビデオが世界中に出回っていることもわかっていたから、それを見た人たちが攻撃をやめるよう声をあげてくれるだろうと思っていたのだ。

でも、誰も声をあげなかった。世界はビデオを見ただけで、助けようとはしなかった。ぼくたちは自力でなんとかするほかなかった。

そこで、爆撃が激しくなっていく中、ぼくらはさまざまな自衛手段を習得していった。戦闘機の動きをモニターする装置を手に入れ、市の方向に向かって飛んでいるかどうか事前に察知できるようになったのもその一つだ。

たとえば、「いまＴ４基地から北に向かって一機飛び立った」という情報が入ったとする。Ｔ４はホムスとパルミラの間の砂漠にある政権軍最大の航空基地で、そこを飛び立った戦闘機が北に向かっているということは、十分後にアレッポに到達するということだ。こういう情報があれば、その十分の間に人びとは通りから離れ、爆撃から身を守る場所を探せる。

アレッポでは携帯無線機を持った監視員たちが町じゅうあちこちの定点に散らばり、戦闘機を見張る任務に就いていた。携帯無線機は店で買えたので、みんな外出の際は持って出かけるようにしていた。そして、政権軍かロシア軍の戦闘機がＴ４基地、あるいはラタキア近くのフマイミーム航空基地から飛び立ち、アレッポに向かっている、というような情報を無線でみんなに伝えるのだ。

監視員たちはどの地域が空爆のターゲットなのかも予測しようと試みた。戦闘機は速いのでむずかしかったが、ヘリコプターの場合はもう少し簡単だった。たとえば、ある監視員がアレッポの東二十キロのところにあるサフィーラのディフェンスファクトリーからヘリコプターが離陸した――ひどいときはここから一日百回もの離陸があった――と連絡してきたとしよう。その監視員はアレッポ空港周辺、バーブンナイラブなどあちこちに分散しているほかの監視員たちに、へリコプターが正確にはどのあたりからアレッポに入ってきそうかモニターするよう伝える。そして、巨大な虫のようにブンブンいいながら現れたヘリコプターの動きをみんな双眼鏡で追うのだ。

もし「ムヤッサルのあたりから来て、アレッポ旧市街に向かっている」というような情報が入れば、旧市街で無線を持っている人たちはヘリコプターがまもなく自分たちの頭上に現れるとわかるから、みんな通りから離れてそれぞれの家に逃げ込む。市場が出ていたら急いで撤収する。

戦闘機の場合も同じことだ。北に向かっているのか東に向かっているのかを監視員が伝えてくれれば、これまでの経験からどこを爆撃しようとしているのかわかったので、救急車もそれに従って動かすようになった。

たとえば、戦闘機が北から来ているときにぼくも同じ方角から来ていたら、ぼくのすぐ近く、あるいはすぐ真上で爆撃を始めるかもしれない。もしぼくが北から南へ、そして戦闘機が東から西へ向かっていたら、ぼくらの進行方向は交わるから、もろに戦闘機の下を走ることになってしまうかもしれない。想像がつくと思うけど、戦闘機の下にいるのはできるだけ避けたかった。運転中戦闘機の動きを見ようと上空を見上げていて、路上の石や壁にぶつかってしまったこともある。

最初の一年は大変だったが、これらの携帯無線機と監視員のおかげで、ぼくたちは戦闘機やヘリコプターの動きを予測することに習熟した。たとえば、監視員がこんな情報を伝えてくるとしよう。

「ヘリコプターはまだ同じ軌道にいるぞ。さっきは樽爆弾を一個しか落とさなかったから、旋回してまた同じ場所に二個目を落とすはずだ。戻ってくるまで三分、樽爆弾が地上に落ちるまで三十秒だ」

ぼくたちはヘリコプターの高度によって爆弾が落ちるまでの時間を予測した。もし空爆されるエリアにいたら、爆弾が地上に到達する前にどこかに退避しなければならない。

救助活動に従事する者として、これらの知識にはおおいに助けられた。ぼくらはみなわずかな時間でじつに多くのことを学んだと思う。そのおかげでなんとか自分たちの身を守ることができただけでなく、周りの人たちにも警告を発することができたのだ。

二〇一三年にアレッポで初めて樽爆弾による攻撃が始まったとき、政権軍はターゲットを数字の暗号で表していた。最初はその数字が何を意味しているのかわからなかったが、監視員たちのおかげで、たとえば17というのはバアディーンロータリーのことだとわかるようになり、前もって市民に警告できるようになった。ところが、爆撃機がターゲットの上空に到達するとすでに誰もいなくなっているため、ぼくらが暗号を解読していることが政権軍にもわかってしまった。

そこで政権軍は暗号を使うのをやめた。代わりに「作業地域に行け」というようなおおざっぱな指示だけ出して無差別爆撃をさせたり、「バーブンナイラブに行き、同じ場所かすぐ近くに樽爆弾を二個投下せよ」というような指示を出すようになり、実際のターゲットがどこなのか言わなくなった。パイロットに指示されるのは方角と高度のみ。パイロットのほうは「出発準備完了」とか「投下した」とか「ターゲットに接近」と報告するだけになった。

引き返して再度爆撃しろという指示が出されることもあったが、こういうことがわかったのは政権軍の交信を無線で傍受することができたからだ。そのおかげでぼくたちは自分たちの身を守るため迅速に行動することができた。

だが、白リン弾から身を守るのはそう簡単ではなかった。この爆弾が投下されたのはアレッポの包囲が始まる一ヵ月ほど前のことだ。政権軍がアレッポを出る唯一の道であるカステロ・ロードを押さえ、ぼくたちを町の中に閉じ込めようとしていたときだった。カステロ・ロードは夜間真っ暗になるため、政権軍は照明弾として白リン弾を使ったのだ。

そのときカステロ・ロードはアレッポが封鎖される前に脱出しようとする車でごった返していた。それが白リン弾が投下されると、あたり一面が真っ白な煙に包まれ、闇夜なのに真昼のようにまぶしくなった。車のフロントガラスが照らされたために、乗っている人たちはみんな、カステロ・ロードを見張っていた政権軍とPKKのスナイパーの格好のターゲットになってしまった。

海外からの警告によると、リンの白煙は吸い込まないよう遠くに離れなければならない。塩素ガスのようにすぐ目に見える害はないけれど、あとになって出てくるのだそうだ。子どもたちにも悪影響があるらしい（訳者補足：白リン弾は国際条約で使用禁止）。

危険と隣り合わせで走る

ぼくは救急車にはつねにスペアのフロントガラス、リアガラス、タイヤを積んでいた。どれも真っ先にやられる箇所だからだ。タイヤは地面に落ちている爆弾の破片や鉄、アルミなどの金属ですぐ破損する。爆撃された地域に行くとバラバラに砕け散った爆弾の破片があちこちに散らばっていてタイヤがズタズタになってしまうため、できるだけ多くのスペアタイヤを用意しておく必要があった。

ぼくの車はヒュンダイのミニバンだったが、手に入る燃料といえば不純物が混じった汚いディーゼルオイルしかなかったから、排気ガスは真っ黒だった。リアガラスが割れると、その有毒な煙が車の中に流れ込んできて、後部座席にいる負傷者に害を与えるかもしれなかった。

あるときぼくは、爆撃の衝撃で砕けたリアガラスを修理してそのまま救助活動に直行し、けが人たちを病院に搬送した。ところが、そこにクラスター爆弾が投下され、爆弾の炸裂音でまたリアガラスが割れてしまった。ほんの一時間前に入れ替えたばかりだったのに。しかも、それは最後の一枚だった。

夜間運転するときの道路の窪みにもさんざん悩まされた。車のヘッドライトのように動いている光は狙われるため、空からマシンガンで撃たれないよう、ぼくらはつねに無灯火で走行した。だから、夜間真っ暗な中で走っていると、リアガラスが割れたり、タイヤがボロボロになったりすることが少なからずあった。

あるときなどは高速で走っている車に衝突されたこともあったけれど、神のご加護で助かった。ぼくはゆっくり走っていたが、相手の車はスピードを出していて、正面からぶつかってきた。なぜそんなことになったかというと、相手もぼくもヘッドライトを消していたのだ。でも、エアバッグが膨らんだおかげで命びろいした。

ぼくはアレッポにいる間救助活動を五年やったが、ありがたいことに一度も大きなけがをしたこともなければ、心理的に大きなダメージを受けたこともない。だが、すぐそばに砲弾が落ちたり、弾があたりそうになったりしたことは何度もある。

救助活動を始めた最初のころ、ぼくは空港に行く道で23型機関銃に銃撃された。見えた弾は真っ赤だった。23型から発射される弾は激しく炸裂する。あたったときはもちろんだが、あたらなくても地面に落ちる前に炸裂するのだ。こんな弾を見たことのある人はいないんじゃないだろうか。ぼくらだって、戦争の前はそんなものを見たことはなかった。23型、12・5型、13・5型――この戦争の間にずいぶんいろんな種類の兵器を見たが、兵役に就いていたときでさえ見たことがなかったものばかりだ。

樽爆弾、クラスター爆弾、バキュウム爆弾、白リン弾、そして塩素爆弾――ぼくたちは考えうるかぎりありとあらゆる種類の爆弾を落とされた。壊れにくい堅固な建物がある地域などは、爆発物が詰まった巨大なコンテナをヘリコプターから投下された。一発で建物を完全に破壊できるほど強力な代物だったが、そんなものまで落とされたのだ。

地上の地獄と化すアレッポ

何もかもが狂ってしまったアレッポで、ぼくたちは救世主が現れるのを待つのではなく、自分で自分を救う道を見いだした。そうする以外なかったからだが、ぼくたちはみな戦火の下での生活に適応した。

たとえば、市場が爆撃され、もうみんなが大好きだった新鮮な野菜や果物が手に入らなくなったときはどうしたか。人びとは家のバルコニーや屋根の上、そのほか少しでも土があるところを見つけては種をまき、自分たちで野菜や果物を育て始めたのだ。

アレッポに一人だけ残っていた苗木農家のアブー・ワルドはまだ桃やビワ、ヘーゼルナッツやピスタチオなんかの果樹を販売していたから、ぼくたちもそれらを買ってサンクチュアリと遊園地に植えた。どちらの場所も地面が舗装されておらず、むき出しの土のままだったので、植えるのは簡単だった。いちばんいいのは生長が早いトマトとキュウリ、それにハーブだったが、給水施設が爆撃されて水の確保がむずかしくなったため、栽培するのは苦労した。

人間だけでなく、動物たちもまた戦争の混乱に巻き込まれた犠牲者だった。通りをさまよっている動物のほとんどは猫で、野良猫か、置き去りにされたペットの猫だった。音に敏感な猫たちの耳は周りで炸裂する爆発音で傷ついていた。大きな音がトラウマになっている猫もいた。けがをしている猫もいたが、ぼくがしてやれることはほとんどなかった。

動物のことなんて誰の優先事項でもなかったが、ぼくは見て見ぬふりをすることができず、できるかぎり連れて帰ってめんどうを見た。猫たちが必要としていたのは、世話をしてもらい、食べさせてもらい、愛されることだった。ぼくは猫たちをたっぷり撫でてやった。そのお返しに、猫たちは心の慰めを、ぼくが切実に必要としていたものをくれた。

二〇一六年五月の終わり以降、アレッポはまさに地上の地獄と化していった。このころから政権とロシアの空爆によってますます多くの市民が殺されるようになり、もう大量殺戮そのものになっていった。犠牲になった人の四分の三は一般市民で、たまたま運悪く東アレッポに住んでいた普通の人たちだ。ある外国人ジャーナリストは「地理的に有罪である」と言った。つまりそこに住んでいたのが悪いということだ。

戦争が始まってから五年もの間、ちゃんとした医薬品もなければワクチンもなかったために、ポリオや麻疹、リーシュマニア症のような感染症が現れ、まるで再び中世の暗黒時代に投げ込まれたかのようだった。たまたま悪いときに悪い場所にいたというだけで、五千人以上もの子どもたちが死んでしまった。

政権は東アレッポに住む者は全員、医師や教師、そしてぼくのように爆撃の犠牲者の救助活動をおこなう者たちまでがテロリストだと決めつけて譲らなかった。国連シリア担当特使のスタファン・デミストゥラが、手詰まりを打開するために、東アレッポに自治権を与えてはどうかと提案したそうだが、政権側は完全にはねつけた。

二〇一六年の六月と七月のラマダンの期間中は、ぼくたちがラマダンのお祈りにモスクに行ったり、食事を準備したりできないよう、スホイ戦闘機による攻撃はわざとイフタール（日没後の最初の食事）のときを見計らっておこなわれた。ぼくたちはみな地下室に隠れ、爆撃がやむのを待たなければならなかった。

「テロリスト」を一掃する。その名目のもとに、自分の国の政府がぼくたちの市場、ベーカリー、病院、学校、給水施設などを爆撃し、ぼくたちの暮らしを打ち砕こうとしていた。

第6章　包囲下の日々

置き去りにされた犬ホープ

猫サンクチュアリに近いアフマディーエという地域を通りかかったときのことだ。どこか上のほうから犬の吠（ほ）える声が聞こえてきた。見上げると、立ち並ぶアパートの最上階にアルサティアン犬（ジャーマン・シェパード）がいるのが見える。犬は窓際に前脚をかけて吠えていた。

そのアパートに行ってみると、隣のアパートに住んでいるという少年がいた。

「あの犬、いったいどうしたの？」と聞くと、少年は言う。

「ぼくがえさをやってめんどうを見てるんだ」

彼の話では、犬の飼い主は家族を連れてアレッポを出ていったそうだ。アフマディーエはロシアと政権の戦闘機に激しく爆撃されていたから避難せざるをえなかったのだろう。ほとんどの人が脱出手段として使ったのはセルヴィース、かつてぼくと叔父が走らせていたようなミニバスの乗り合いタクシーだったが、まず犬は乗せてもらえるはずがないので置いていったらしい。

飼い主は犬を通りに棄てる代わりに家に残していった。だが、犬は自由を奪われていた。建物の五階にあるアパートの室内でつながれていたのだ。政権軍の兵士たちが来たら略奪されるとわかっていたから、犬に番をさせるつもりだったのだろう。いつかまた戻れる日が来ると思っていたのかもしれない。

少年は犬好きで、できるだけこの犬のめんどうを見るよう飼い主から頼まれていた。犬がひとりぼっちで飼い主の帰りを待ちながら、ゆっくりと飢え死にしていくことを考えるとたまらなかった。だからたとえ切れ端であっても手に入るかぎりの食べ物をやっていた。

ぼくは少年について犬のいる部屋に入った。そして穏やかな声で犬に話しかけて安心させ、撫でてやり、仲良くなった。その犬は黒と金色の毛並みをしたみごとなオス犬だった。ぼくたちは犬を階下に連れていっていっしょに遊び、フェイスブックグループの人たちに見せるために写真を撮った。

すると、フェイスブックの友人たちは少年にお礼をし、犬はサンクチュアリで保護してくれと言う。でも、サンクチュアリには気の荒い野良猫たちが少なからずいたし、そもそも猫と犬はお互いを怖がるものだ。猫たちが犬を攻撃するかもしれないし、犬が猫たちに襲いかかるかもしれない。猫のサンクチュアリで犬を受け入れるというのはどうにも気が進まなかった。

ところが、フェイスブックの友人たちはどうしてもと食い下がる。ぼくはしぶしぶ折れたけれど、少なくとも犬が新しい場所になじむまではつないでおくという条件を付けた。犬好きの友人には、万が一サンクチュアリになじめなかった場合はどこかほかの場所で保護するから、と約束もした。

そして、アパートから犬を連れ出しにかかったのだが、神を讃えよ、この犬はまことの忠犬だった。なんとしても自分の飼い主の家を守り続けようとし、頑として動かない。

この犬をサンクチュアリに連れていくのは相当大変そうだった。それでもフェイスブックの友人たちはぜったいに犬を一匹で置いておくなと譲らない。しかたなく、ぼくは犬を無理やり引きずり出した。そしてサンクチュアリに連れてきたあとは鎖でつないだ。猫たちの安全を守ると同時に、犬が迷子になったり、元の家に戻ってしまったりしないようにだ。少なくともサンクチュアリにいれば毎日食べ物をもらえるし、めんどうも見てもらえるのだから、元の家にいるよりははるかにましだろう。

ぼくたちはこの犬を「ホープ」(希望)と呼ぶことにした。あの状況から救い出され、安全な場所で新しい生活を始めるというのは希望の物語だと思ったからだ。

それでもぼくはホープを猫たちの中で野放しにすることは拒み、フェイスブックの友人たちにはこう言った。

「猫のサンクチュアリの中で犬を自由にさせるなんて無理だよ。猫と犬が仲良くするなんてありえないだろう？　いまのところホープは攻撃的じゃないけど、もし猫を襲って嚙みついたらどうするんだ。犬と猫は長年同じ家でいっしょに暮らしているんじゃないかぎり、憎み合ってるのが普通じゃないか」

実際、ホープは最初のころはぼくが猫たちにえさをやっているのを見るたびに吠えていた。でも、猫たちを襲ったり、傷つけようとすることはなかった。ぼくが猫たちの世話もしていることをちゃんと理解していたんだと思う。

そうこうするうちに、ホープは少しずつ猫たちの存在に慣れていった。二週間後にはもう吠えて猫たちを怖がらせることはなくなった。驚いたことに、ホープは猫にもサンクチュアリにもすっかりなじんでいたのだ。

そこで、猫たちが食べているときはまだつないでおいたが、夜には鎖をほどき、自由にしてやった。するとホープは、夜間猫を狙ってやってくる野良犬たちからサンクチュアリを守るようになったのだ。夜、ホープが吠えているのを聞きつけて外に出ると、野良犬たちが逃げていくのが見えた。ホープは野良犬に対しては容赦なく、遠くまで追いかけて撃退した。ホープはいまやぼくたちの番犬になったのだった。

野良犬たちが猫を襲おうとしたのは、食べ物をくれる人間がみんな避難していなくなってしまい、お腹(なか)をすかせていたからだ。犬にしてみれば食べられそうなものは猫ぐらいしかなかったのだ。そこで、ぼくは野良犬たちにもえさをやることにし、猫の食事が終わったあと、サンクチュアリから一キロほど離れたスタジアムの近くで残り物を与えてみた。すると犬たちはスタジアムの近くに集まってぼくを待つようになった。ホープが番をしているおかげで、もうサンクチュアリのそばに来ることはなくなった。

サンクチュアリの食糧事情も厳しかったため、犬たちに肉をやることはできなかったけれど、できるだけ骨を持っていくようにはしていた。するとフェイスブックの友人たちが文句を言う。

「なぜ骨を与えるの？　骨は腸を引き裂くから危険よ」

「この犬たちは骨に慣れてるんだ。シリアの犬たちは鉄並みの腸を持っているから大丈夫さ」

でもヨーロッパ人は犬に骨を与えたりしない。犬たちにやる前に骨を粉砕してくれと言うので、ぼくはそのための道具までわざわざ買った。

さらに、彼らは猫たちの食事時間も含めてホープをつなぐのはいっさいやめ、鎖も使わないでほしいと言う。ほんとうに放しても大丈夫なのだろうか。半信半疑だったけれど、とりあえず鎖を解いて様子を見ることにした。

そこでホープと猫たちがふれ合う姿を見て、ぼくは驚愕（きょうがく）した。なんとホープは猫たちになじんだどころか、愛着さえ抱いたようなのだ。猫たちのほうもホープのすぐそばに近づいて腰を下ろす。猫たちがホープの周りをぎっしりと囲んでいる様子を撮った写真もある。

猫たちはホープの食べ物を横取りすることさえあったが、ホープは気にしなかった。猫が自分を押しのけて自分の食事を食べているのに好きなようにさせておくとは。ホープがこれほど猫に優しい犬になったのにはほんとうに驚いた。

トルコのことわざに「肉屋のドアが開いたとたん、猫と犬の友情は終わる」というのがある。でも、ここではそういうことにはならなかった。きっとホープはいまの自分の任務は猫たちを守ることだと考えていたのだろう。

ホープはほんとうに忠実な犬だった。ぼくはこの犬からどれだけ多くを教えられたことか。嬉（うれ）しいことに、フェイスブックの友人たちも、近所の人たちも、みんなホープのことが好きだった。

シリアでは家で鳩や鶏を飼っている人が多かったため、人びとは何百年もの間、猫を遠ざける目的で犬を飼ってきた。それに猫と違って犬は忠実だと思われているので、だいたいにおいて犬のほうが好まれていた。

ところが、アレッポの包囲の最後のころには犬が人を襲うようになった。野良犬や捨て犬が瓦礫の中や戦闘地域に放置されている遺体を見つけて食べるようになったからだった。とくにひどかったのはキンディー地区だ。もしかしたらニュースで聞いた人もいるかもしれないが、この地域では政権軍が意図的にキンディー病院を爆撃し、多くの人が死んだ。遺体の回収ができなかったために、野良犬が食い漁ることになってしまったのだ。

放置された遺体は最大の恐怖の一つだった。ぼくたちは繰り返し押し寄せる虫の大軍にさらされた。誰も近づけず埋葬できないまま遺体が多数置き去りになっている地域では、遺体にわいた蛆虫やハエによって皮膚病が発生し、人びとを苦しめた。動物たちもたくさん死んだが、やはり死体を埋めることができなかった。

水の確保

どうやって衛生状態を保つか。これは人間にとってもサンクチュアリの猫にとっても深刻な問題だった。電気も水もほとんど止まっていたから、お湯が出ることなどめったにないし、砲撃で水道管に穴があくとそこから水が漏れてなくなってしまうのだ。

爆弾が落ちると地面に大きな窪(くぼ)みができるが、そこに水道管から漏れ出した水がたまり、まるでプールのようになることがある。子どもたちはそれを見逃さず、暑い夏の時期などは即席のプール代わりにして水遊びをしたものだ。

アレッポの主な水源はユーフラテス川をせきとめたダム湖であるアサド湖で、ＩＳＩＳの支配下にあった。ＩＳＩＳは反体制派の支配地域への水の供給を断つ一方、政権側の地域には供給した。ＩＳＩＳは自分たちが反体制派に東アレッポから追い出されたことへの仕返しとして水の供給を断ったんだろうと言う人たちもいた。政権がわざわざＩＳＩＳに金を払って反体制側地域への水の供給を止めさせているのではないかと言う人もいたが、それはたしかにありそうな話だった。政権としてはどんな手段を使ってでも、たとえばＩＳＩＳに金を払ってでも、水や電気のようなライフラインを支配したかったにちがいないからだ。

水を確保するのは大変だったが、水なしでは長くは持ちこたえられないから、なんとか解決策を見つけるほかない。国による水の供給が断たれたいま、どうやって自力で水を確保するかが最優先課題となった。サンクチュアリでは猫たちに食事を与えたあとは、食べた場所にホースで水を流して清掃する。食器も洗わなければならない。衛生状態を保ち、病気の発生を予防するには大量の水を必要とした。

井戸を持っている地区もあるにはあったが、サンクチュアリからは離れていた。そこでぼくたちは自分たちの地区にも井戸を掘ることにした。フェイスブックグループの人たちに相談すると、支援するからすぐ作業に取りかかるようにと背中を押してくれた。

井戸を掘るにはそのための機械と水をくみ上げるポンプが必要で、井戸一つにつき約千ユーロ（約十二万円）かかる。それがフェイスブックグループの惜しみない支援により、千ユーロどころかもっとたくさんのお金が集まった。そのおかげでまず自分たちの地区に一つ、次に隣の地区にも一つ、さらにほかの地区でも五つの井戸を掘ることができた。

井戸から水をくみ上げるのには電気ポンプを使うが、電気の供給が完全に止まっていたため、頼りはディーゼルオイルで稼働する自家発電機だった。発電機が動かないと水はくめないから、ディーゼルオイルが尽きてしまわないよう注意しなければならない。

そこで、十分な量の水をくみ上げるのに必要な時間とディーゼルオイルの量を一定量に制限し、水がなくなりそうになったら人びとに警告を発することにした。仲間うちに一人数学と算術に長けた若者がいて、彼は地区全体のニーズをカバーするにはどれだけの水をくみ上げる必要があるか正確に計算することができた。それによると、飲料用には一日二千リットルの水が必要だとわかった。

井戸からくみ上げた水はそのままでは飲めないので、通りに貯水タンクを置き、援助団体からもらった塩素錠をその中に入れて浄化した。百リットルにつき一錠なので、二千リットルでは二十錠だ。これによって雑菌や微生物の発生を抑えることができ、なんと一年ほども安全な水をキープできるという。地域の人びとにはこの貯水タンクの水を飲料用として使ってもらい、洗濯や行水(ぎょうずい)には井戸からくみ上げたばかりの浄化していない水を各戸に供給した。

ぼくたちはこの水の供給システムを担当する者を一人決め、それぞれの井戸には貯水タンクに水を入れる係も置いた。タンクのところには子どもたちがやってきて、蛇口から直接水を出して飲んだり、持参したボトルに水を入れたりした。

食糧の備蓄

もう一つの大きな課題は食糧の確保だった。水と同じように食糧についても計画的に考える必要があった。アレッポが完全に包囲される前、カステロ・ロードには激しい爆撃が加えられており、それが二ヵ月以上も続いて供給が滞ると、食料品の価格は急上昇した。まだ市内に運ばれてくる食糧もあるにはあったが、どんどん乏しくなる一方だった。

フェイスブックグループの友人たちがぼくに猫たちを連れてアレッポを脱出するよう求めてきたのはこのころだ。でもぼくは、できない、と断った。ぼくは隣人たちのそばに残らなければならない。自分だけ猫たちを連れて逃げるなんてできなかった。とはいえ、可能なかぎり猫たちを避難させることには同意し、周りで脱出する知り合いがいたら猫も連れていけるかどうか聞いて回った。

アレッポに残る――その決断をしたとき、フェイスブックの友人たちからはそれならせめて食糧を備蓄すべきだと言われた。たしかにそれはいい考えだった。包囲が始まったらアレッポを出入りする道路は封鎖されてしまうから、食糧を備蓄しておけば人も動物も助かる。

包囲はどのくらい続くかわからない。数ヵ月かもしれないし、数年かもしれない。フェイスブックグループが緊急支援を呼びかけると、なんと二万ユーロ（約二百四十万円）もの寄付が集まった。

そのお金でぼくは米五トン、小麦三トン、油とギー三トン、大量の缶詰、レンズ豆やスープのパックなど保存のきく食糧を買い込んだ。これは二千人が一年半食べていけるだけの量だ。アレッポ全体ではなく自分たちの地区だけでせいいっぱいではあったけれど、猫サンクチュアリの近隣に住む約百三十世帯（二千人）と動物たちを支えられるだけの食糧を蓄えることができた。

ぼくが食糧の備蓄を始めたときはすでに価格が高騰していたため、高い金額を払わなければならなかった。多くの人が買いだめを始めていたことに加え、東アレッポに食糧を搬入するのはきわめて困難だったからだ。それでも一度、幸運にも食糧をいっぱい積み込んだ車を確保できたことがある。その車は砲弾があたってフロントガラスが割れ、運転手が逃げて放置されていた。

当時ぼくたちはカステロ・ロードを通行する車の安全状況を監視する仕組みを作っていて、無線で情報をやりとりしていた。砲撃を受けて止まったままの車があると連絡が入ったとき、そのあたりに詳しかったぼくは自分の救急車で現場に急行した。

負傷者はいないか探したが車の中には誰もいない。でもキーは付いたままで、車にはジャガイモの袋やいろんな食糧がどっさり積み込まれていた。ぼくはなんとかこの車をアレッポまで持っていきたいと思った。

そこで、いっしょにいたジャーナリストの友人に救急車の運転を頼み、ぼくはその車に乗り込んだ。そしてフロントガラスに穴をあけて前方が見えるようにし、アレッポへと走らせた。ぼくたちが途中のロータリーまで車を持ってきたことを聞き、運転手は戻ってきた。そして無事アレッポに食糧を運ぶことができた。

ついに包囲が始まった

カステロ・ロードへの爆撃は日に日に激しさを増していった。救急車で出動して負傷者を病院に運ぶ頻度も増えた。政権軍の攻撃から逃れようとする人たちが大勢カステロ・ロードで犠牲になった。このルートを通行するのは危険になる一方だったが、東アレッポに住む人たちにとってほかの道はない。思えば、ぼくの妻と子どもたちが包囲の始まる前に脱出できたのはほんとうにラッキーだったのだ。

政権は人びとが逃げられないようにほかの地区の道路も爆撃した。女性も子どもも含め、あまりに多くの人が犠牲になった。爆発で服に火がつき、ぼくらがどんなに消し止めようとがんばっても生きたまま焼かれる人たちも大勢いた。

政権軍はじわじわとアレッポに迫り、ついにカステロ・ロードから最後の犠牲者を運び出す日が来た。最後の犠牲者とは、プロローグで書いた、イードのお祝いのプレゼントを持っていたあの男性のことだ。二〇一六年七月七日以降、アレッポを出入りする手段はなくなった。

いまや完全に市内に閉じ込められ、ぼくたちはこれまで以上に物資、とくに肉の消費には気をつけなければならなくなった。それまで猫たちには鶏肉を与えていたけれど、包囲が始まったころからはもう手に入らなくなった。そこで、ぼくは米を炊き、それを缶詰のソーセージと混ぜることにした。缶詰のソーセージは非常に高価で、小さなものでも六ユーロ（約七百二十円）もしたけれど、それをご飯と混ぜることで多少なりとも肉の味を付け、猫たちに本物の肉だと思わせようとしたのだ。

最初ほとんどの猫は食べなかった。でも、三日も続けると、みんなこの食事に慣れた。肉というよりほとんど米のご飯だったが、何もないよりはましだったんだろう。やがて猫たちはあたりまえのようにこのご飯を食べ始め、もう残さなくなった。それまでの主食は鶏肉で、ご飯なんて食べたことがなかったのに、みんなこの新しい食事に順応したのだ。ぼくは目先を変えるために、チキンスープとトマトペーストで味付けしたご飯を炊いてみたりもした。

包囲が始まってからの一ヵ月半はこんな感じだったが、二ヵ月後には、缶詰のソーセージや鶏肉を節約するため、猫も人も同じもの――チキンスープとトマトペーストで味付けしたご飯――を食べるようになった。まず近隣の人たち二千人に食事を提供し、その後余った分を猫たちに回したのだが、猫たちはみなこのご飯を歓迎した。包囲下にあるいま、もう肉はないのだから人間の食べ物に慣れるしかない……猫たちはちゃんとそのことを理解しているかのようだった。

でも、やっぱり、というか、みんな病気になってしまった。明らかに猫たちの体調が悪いとわかってきたとき、ある獣医師の友人にこのままではみんな死んでしまうだろうと言われた。猫は一ヵ月以上新鮮な肉を食べないでいたら体の筋肉を失ってしまうのだ、と。

「猫にはタンパク質が必要なんだ。猫には筋肉が五百もあるんだから、タンパク質と肉をたくさん食べないとだめなんだよ」

ぼくはその獣医師に言った。ラム肉と牛肉を売る肉屋ならある。でも、イスラム教では、人間がお金に余裕がなくて買えない場合はこれらの肉を動物に与えることは禁じられているのだ、と。こういう禁忌のことをアラビア語では〝ハラーム〟という。

だが、そうは言ったものの、猫たちの命と健康も大事だ。そこで考えついたのは、人間と猫の分の肉を両方いっぺんに料理することだった。そうすれば、猫より人間を優先しなければならないイスラム教の戒律を守りつつ、猫たちにも肉を食べさせてやれる。

一キロの肉は七千シリアポンドほど（十五ユーロ＝約千八百円）もしたが、ぼくは毎日肉屋から三十五キロの肉を買い、週に一、二度は猫たちに新鮮な肉を与えられるようになった。ぼくたちはこれを五ヵ月ほど続けた。

ぼくはときどきふと思うことがあった。猫たちはこの戦争や、戦争のせいで変わってしまった自分たちの生活のことを、いったいどう思ってるんだろう、と。猫の中にも反体制派と政権派がいたりするのだろうか？

ぼくの結論は、猫たちはきっとぼくたち全員、つまり人間そのものを恨んでいるにちがいないということだ。自分たちがこんなひどい目にあっているのはすべて人間のせいなのだから……。

サンクチュアリでは、以前は穏やかだった猫たちの多くが攻撃的になった。猫は戦闘機や砲弾や銃撃の音を聞くと、自分のいちばん近くにいる人間がその音を出していると思ってしまうらしく、ぼくのそばに寄りつかなくなった猫たちもいた。撫でられるのが好きな猫たちもまだいたけれど、ぼくから距離を置き、もうじゃれてくれなくなった猫たちも多かった。そういう猫たちには触るのも近づくのもむずかしくなった。

猫たちにはときおり聞こえる反体制派の迫撃砲と絶え間なく続く政権軍の爆撃の違いなんてわからない。猫にしてみればどちらも同じで、爆撃や爆発は最初に自分の目に映る人間のせいだと思っている。もしかしたら、猫たちはこんなことになっているのはすべてぼくのせいだと思ってるんじゃないか――そんな不安にかられることがよくあった。

最後通告

そのころ、最終決戦に臨む政権を援護するため、ロシア人たちがアレッポに迫っていた。これまで以上に多数のスホイ戦闘機を搭載したロシアの空母がラタキアの沿岸に到着。政権はぼくらに降伏を呼びかけるチラシを大量にばらまいた。それはこんな内容だった。

「最後通告――空爆はさらに激しくなる。これから起こることは前とは比較にならない。明日十二時きっかりに攻撃を開始し、この地域を壊滅させる」

政権はぼくたちの携帯電話にもいっせいにテキストメッセージを送ってきた。ただちにここを離れろ、さもなければ死が待っているぞ、と。こんなことができるのは、シリアで最大手の携帯電話会社であるシリアテルのオーナー、ラーミー・マフルーフがバッシャール・アル＝アサドのいとこで、ぼくらの電話番号や通話データをすべて把握しているからなのだ。

最後通告が出されたのは二〇一六年十一月三日。それまでは一日に落とされる爆弾は二個ぐらいで、悪い日でも十個ほどだったのが、それ以来一つの地区にときには一日三十個以上の樽爆弾と百を超える砲弾が降り注ぐようになった。

白リン弾や塩素爆弾も投下された。スホイ戦闘機からはクラスター爆弾が、ヘリコプターからは樽爆弾が投下された。死者の数が急増して墓地が満杯になり、公園に埋葬しなければならなくなった。だが、日中に埋葬したり葬式をするのは危険すぎるため、夜間にしかできなかった。

ぼくたちの側にはスホイ戦闘機から身を守る武器は何もなかった。ぼくたちはただの市民だし、反体制派の兵士たちが持っていたのはライフル銃のような簡単な武器と正確に狙いも定められない手製の迫撃砲ぐらいだ。そんなもので戦闘機なんて撃ち落とせるわけがない。地上に取り残された人びとにとって、これは地獄と言うほかなかった。

サンクチュアリ壊滅

そして二〇一六年十一月、ぼくたちがずっと恐れていた日が来た。サンクチュアリが爆撃されたのだ。

その日はぼくもサンクチュアリにいて、ロシア軍と政権軍の戦闘機が向かってくるのを見て身を潜めていた。地区全体が空爆と砲撃にさらされ、ミサイルが次々と着弾していくのが窓から見えた。

サンクチュアリの中庭にミサイルが撃ち込まれ、ホープが吠えているのが聞こえる。恐怖のあまり吠えていたにちがいない。このときホープはつないであった。なんとか自由にしてやりたいと思ったけれど、攻撃の最中に外に出ていく勇気はなかった。ホープはぼくが作ってやった犬小屋の中にいたが、そこに砲弾が命中するのが見えた。

爆撃は突然始まり、突然終わった。ありがたいことにぼくはまだ生きていた。だが、サンクチュアリは壊滅状態だった。外に出て被害の様子を見て回ると、あたり一面に爆弾の破片が散らばり、たくさんの猫が死んでいた。

ホープは地面に横たわっていた。胸にひどい傷を受け、前脚がつぶれている。後ろ脚の骨も砕かれていて、手術が必要だった。後ろ脚は切断しなければならない。でも、人間の手当てをするのも不可能なときに、どうやって犬の手当てをしてもらえるだろう。たとえホープを病院に運んだとしても、医師は助けてはくれまい。

ホープは痛みに苦しみ、うぉーんと吠え続けていた。このまま苦しませるのか、それともこの苦しみから救うために命を終わらせるのか決断しなければならない。ぼくは祖父母がこう言っていたのを覚えていた。その動物を助けてやれるのなら、助けるべきだ、でも、助けられないのなら、死を与えるのが情けというものだ、と。

もう苦しまなくてすむよう命を絶つ——それがイスラムの教えだ。ホープを回復させる術(すべ)はなかった。治療してやることもできなかった。そして、痛みに苦しむホープの悲痛な声を聞くのは耐えがたかった。

ぼくは犬の命を絶つよう友人に頼んだ。でも、とても見ていられなくて、彼がホープを撃つときは別の場所に行って隠れていた。ホープのことは思い出すのもつらい。

ぼくたちは多数の猫たちも殺処分しなければならなかった。馬が脚を折ったとき、必要以上に苦しまなくてすむよう殺すのと同じように、命を救える望みのない猫たちの頭には慈悲の銃弾を撃ち込むしかなかった。助けてやれないのに苦しみを長引かせるよりは、銃弾のほうがまだ情けがある。たいした傷でなければできるかぎりの手当てをしたけれど、ぼくらに手術はできない。傷が体の内部や腹部だったり、骨が砕かれていたりした場合は命を絶つほかなかった。

爆撃の最中、十二匹もの猫が砲弾の破片にやられてぼくの目の前で死んだ。重傷を負った猫たちも体が動くかぎり逃げようとした。それは爆撃のあと地面に付いていた血の跡を見ても明らかだった。

ホープが死に、サンクチュアリが破壊され、ぼくはショックと悲しみで混乱していた。でもまずは生き残った猫たちを一刻も早く安全な場所に移さなければならない。爆撃がほかのエリアへと遠ざかったあと、ぼくたちは猫たちを探して回り、見つけた猫はサンクチュアリから別の場所に連れていった。近くの建物の地上階にある部屋を猫用の特別室にし、そこに猫たちを隠した。

たぶんこの攻撃で四十四以上の猫が殺されたと思う。爆撃がやんだあと、ぼくは食べ物を置いて猫たちを集めようとした。そして逃げてしまわないよう食べているところを抱き上げ、新しい場所に連れていったのだが、食べに来たのはわずか四十四か五十四ほどだった。死んだ猫だけでなく、重傷を負った猫、逃げてしまって二度と戻ってこなかった猫たちも入れると、この日だけで百匹もの猫たちを失ったことになる。

しかも、苦難はまだ終わりではなかった。翌日、政権の戦闘機が塩素爆弾を投下したのだ。必死に爆撃を生き延びた猫たちが、今度はガス弾で殺されることになった。猫たちは毒ガスを避けるには上の階に逃げなければならないなんて知らない。みんな低層階にとどまり、毒ガスを吸い込んでしまった。猫たちは近くの建物に潜んでいたため、どこにいるのかもわからなかった。

塩素爆弾による攻撃のあと、生き残った猫はわずか三十四ほどだった。次の日、ぼくらは再び猫たちを連れ、もっと遠く離れた地域に移動した。

この出来事で、ぼくたちはみな心に深い痛手を負った。サンクチュアリが爆撃され、ほとんどの猫とホープを失い、心底打ちのめされてしまった。

あの犬にホープという名前を付けたのはまちがいだったのかもしれない。ホープの死とともに、ぼくたちの希望も死んでしまったような気がした。

第7章　退避

生き残った猫たちと避難

十五日間もとぎれなく爆撃が続き、もうハナーノ地区にとどまるのは不可能になった。人びとはみな逃げようと必死で、ぼくもいっしょに避難せざるをえなかった。ハナーノ地区は無人となり、打ち捨てられた。残されたのは建物の残骸だけで、猫のサンクチュアリもその一つだった。

政権軍とロシア軍は昼夜を問わず爆撃してきた。東アレッポ全域が攻撃の対象になったため、ぼくは短期間のうちに三度も住む場所を変えなければならなかった。最初はカルムルジャバルという地域に行ったが、そこにいたのはわずか二週間。ここにも戦闘が及んだため、次はアンサーリーというところに移った。そこはまだ反体制派が支配していた最後の地域で、ほかの地域から避難してきた人たちが集まっていた。だが、ぼくのアンサーリーでのつかの間の住みかはロシア軍の戦闘機に建物ごとやられ、破壊されてしまった。

この間もサンクチュアリへの空爆と塩素爆弾を生き延びた十六匹ほどの猫たちはずっとぼくといっしょだった。エルネスト、スホイ25、スホイ26もいた。そのほかの猫たちはハナーノからいっしょに避難した人たちに預かってもらった。

ぼくはまだ機能する金属製のシャッターがある空き商店を見つけ、そこにエルネストたちを入れておいた。爆撃でけがをしたり行方不明になったりするのが心配だったから、シャッターには鍵をかけた。このときぼくたちがいたのはハナーノから遠く離れた場所で、猫たちにとってはまったくなじみのない土地だ。外に出たら混乱して迷子になり、二度と見つからないかもしれないから、猫たちには店の中で食事を与えるようにした。

ほかの猫たちを預かってくれている人たちもみんな近くにいたので、ときどき食べ物を持って会いに行った。これまではずっと援助するほうだったけれど、今度はぼくが助けてもらう番だった。そのうちの二人はエルネスト・サンクチュアリを手伝ってくれていた友人でもあり、ぼくが救助活動に出かけているときや帰りが遅いときは猫たちの食事の世話をしてくれた。

ぼくの帰りが遅いことはしょっちゅうだった。戦闘機がいなくなるまでは隠れていなければならないのだが、とにかく数が膨大で、一機去るとまたすぐ次が来るのでなかなか帰れなかった。ニュースで聞いた人もいると思うが、二〇一六年の十一月から十二月にかけては、戦闘機、大砲、そしてミサイルと、まさにノンストップで攻撃が続いた。

アレッポ最後の日々

この間のアレッポの爆撃のすさまじさに比べれば、それ以前のなんてなんでもない。救助に向かう途中の道で、周囲の建物が次々と崩れていくのだ。そのシーンはまるでアクション映画か何かのようだった。目の前で崩れていく建物から岩や石が落ち、車にぶつかってくる。フロントガラスは砲撃の轟音（ごうおん）の衝撃で砕け散った。

あの時期ぼくたちが味わった苦しみはとても言葉では表せない。二〇一六年十二月の二十日間ほどは、十分と眠ることができなかった。十五分や一時間も眠れたらぜいたくだった。アレッポの包囲の最後の日々は過酷なんてものではなかった。

シャッアールや、バーブやバーブンナイラブに続く道路など、ハナーノの次に攻撃目標になった地域が爆撃されたときは、逃げようとする人たちで道路がごった返し、負傷者も多数出た。旧市街のジュッブルクッベやバーブルハディードに近いエリアには広い道路があり、大勢の人が避難しようとそこに集まって、まるで川のようになって動いていた。大勢の家族連れが車ではなく徒歩で逃げまどっていた。政権軍はその道路にミサイルを撃ち込んだのだ。三百人かそれ以上の人たちのど真ん中にミサイルが撃ち込まれたらどうなるか。もちろん一人残らず重傷を負うか、命を落とした。

ぼくたちが救助に駆けつけたときも、まだミサイルは頭上から降り注いでいた。戦闘機からの空爆と地上からの砲撃を避けるため、道中四回以上は隠れなければならなかった。戦闘機からは地上よりぼくらの動きがよく見えるため、まず戦闘機が爆撃をおこない、そのあと同じ場所に地上部隊が砲弾を撃ち込んでくる。標的にされたのは人が多く集まっている建物だった。地上部隊は空爆がおこなわれた場所から立ち上る煙と埃(ほこり)で標的を確認した。戦闘機と大砲は連携し、負傷者を一人たりとも救出させないよう同調して攻撃を仕掛けてきた。

ぼくたちが救助に向かっても落下した瓦礫(がれき)や破壊された建物などで道路が塞がれていて、徒歩で負傷者の救出に向かわなければならないときもあった。それはもう絶望的で悲惨な状況だったとしか言いようがない。どんなにせいいっぱい負傷者を病院に搬送しても、まだ瓦礫の下に埋まっている人たちが大勢いて、助けてと懇願する声が聞こえるのだ。しかもその多くは子どもだった。ぼくたち救助者は繰り返しそんな胸がつぶれそうな状況に直面し、苦渋の決断をしなければならなかった。救出した負傷者の命が助かるようすぐ病院に運ぶのか、それともまだ瓦礫の下で助けを求めて叫んでいる人たちを救出するためにとどまるのか——。

救急車両はまったく足りなかった。ある地域は二十四時間ぶっ通しで爆撃され、救急車を運転するぼくたちの周りに爆弾が降り注ぎ続けた。人が耐えられる限界を超えていた。

何より胸をかきむしられるのは、瓦礫の下に子どもたちがいるとわかっていて、声が聞こえているのに、手が届かないときだ。瓦礫をどかすには重機が必要だったけれど、ぼくらには機材がなかった。助けを呼び、泣き叫ぶ子どもたちの声が聞こえているというのに。

ローズ・ダムという地域で救助活動にあたっているときは、四人は救出したものの、まだ瓦礫の下に取り残されている子どもたちの泣き声が聞こえていた。でも、神に誓って、ぼくにはどうしようもなかったのだ。子どもたちの上に覆いかぶさっているコンクリートの屋根を取り除くにはフォークリフトかクレーンが必要だった。たとえノンストップの爆撃が止み、二十人がかりでがんばったとしても無理だっただろう。死ぬとわかっていて置き去りにしなければならないのはほんとうに耐えがたいことだった。

ぼくたちはにわか仕立ての地下病院に負傷者を運び込み、廊下でもいすでもどこでもいいから空いているスペースを見つけて横たえた。病院は犠牲者であふれかえっていたが、医薬品もなければ医者も足りなかった。手当てが間に合わず、そのまま失血死してしまう人たちもいた。

状況はあまりにもひどすぎて、負傷して助かる人がいるとはとても思えなかった。ある意味、即死するほうがまだましだったと思う。とりあえず命拾いしても、さんざん苦しんだあげく結局死ぬのだから。

負傷者を運んで病院を出たり入ったりしていると、まるで赤土の上を歩いているような感じになってきた。赤土が水と混じるとどんなふうに見えるかわかるだろうか？ 病院の床にたまった血はまさにそんな感じだった。あまりに大量の血が床に流れ落ちて指二本の幅ぐらいの深さになり、それが靴にべっとり付くのだ。

ぼくたちは救助活動を通してあまりに悲惨なものを見続けた。誰もが死を覚悟していた。そして、爆撃で負傷するよりも、死なせてくださいと神に祈った。ぼくたちにとっては死ぬほうがまだはるかにましだったのだ。

停戦合意

このもっとも過酷だった日々のあと、アレッポの包囲はついに終わった。二〇一六年十二月、政権と反体制派の間で最終的な停戦合意が成立したのだ。だが、何もかもが混乱していてめちゃくちゃだった。

政権はぼくたちをいまなお反体制派の支配下にある隣のイドリブ県にバスで移送することにし

た。イドリブ県にはホムスなどすでに降伏したほかの町から追い出された戦闘員や武装組織がまとめてやっかい払いされている。政権にしてみれば、無法状態のイドリブにみんないっしょくたに詰め込んでおけば、そのうちお互いに殺し合いを始め、自分たちがかたづける手間が省けると考えたのだろう。

政府が人びとを移送するのに使う緑色のバスは、アレッポより前に政権に包囲され、「飢え死にするか降伏するか」迫られたほかの町でも使われて有名になっていた。ところが、十二月十四日に到着するはずだったその緑のバスが、交渉がまとまらないとかで、来ない。政権に肩入れするイランとシーア派民兵組織が背後にいてこじれているという話だった。

一方、通りにあふれた人びとはこの先どうなるかもわからず、困惑し、ただただ必死の思いでバスを待ち続けていた。待っている間、ぼくたちは猫たちが逃げないようケージに閉じ込めておかなければならなかった。猫用のキャリーが足りなかったため、野菜を入れるプラスチックのカゴも使った。狭いケージの中にずっと閉じ込められ、猫たちは不安定になった。この混乱で三匹が逃げてしまったけれど、人ごみの中を探して捕まえるのはとうてい不可能だった。

移送が始まったのは二〇一六年十二月十五日。サンクチュアリが爆撃されてからちょうど一ヵ月後のことだ。人間だけでなく猫たちもさんざんな目にあった。どの猫もおびえきっていて、ほとんどパニック状態だった。

避難の最終段階は困難をきわめた。救急車による移送が必要なほど重傷のけが人が、なんと三千人もいたのだ。移送を担当していたシリア赤新月社（赤十字社の姉妹組織）は、四十八時間以内に全員運び出さなければならないと言い張った。だが、彼らの救急車は一度に一人しか搬送できないようにできている。いすに座れる状態の人がいたら追加でもう一人乗せることもあったが、基本的には一人しか運べない。それに比べ、ぼくたちの救急車はもともとがミニバンなので、余裕で後部座席に四人寝かせることができた。

そこでぼくたちは赤新月社の担当者に提案した。

「負傷者を移送する集合場所までは片道四、五時間もかかる。あなた方が一度に一人しか運べないというなら、ぼくらの救急車も使わせてくれないか？　人道的な立場で」

だが、政権の管理下にある赤新月社は頑（かたく）なで、「一度に一人と指示されている」と譲らない。

そこで、現場にいた赤十字社のスタッフに訴えたところ、彼らははるかに物分かりがよく、ぼくらが負傷者を移送することに同意した。

「負傷者は全員あなた方の車で運んでよろしい。使える車は全部使うように」

ぼくらの車には負傷者四人に加え、その家族もいっしょに乗せた。負傷者には当然妻も子もいる。車はぎゅうぎゅう詰めになったが、彼らはどうしても家族もいっしょに連れていってほしい、妻子が緑のバスに乗せられ、離れ離れになってしまったら困る、と懇願した。

負傷者はトルコ国境に移送され、そこからトルコに入国することになっていた。家族を同伴していればいっしょに入国できるが、そうでなければ二度と合流できないかもしれない。国境を越えられるのは緊急の医療を必要とする場合だけで、それ以外は禁じられていたからだ。

ところが、最初赤新月社は自分たちの救急車に負傷者の家族を同乗させることを拒否した。ぼくたちが「なぜ家族を連れていかないのか？　残された妻子のめんどうを誰が見るんだ？」と抗議すると最後はしぶしぶ折れたが。

こんな調子だったから、負傷した人たちの移送は混乱をきわめた。

現場にはロシア人たちもいて、一台一台救急車両をチェックしていた。

「車には何人乗っている？　負傷者は何人だ？」

「ぼくのほかに九人と、猫が一匹」

ぼくはほとんど手ぶらでアレッポを出てきたのだが、お気に入りのＴシャツだけは持ってきて、エルネストのために車のダッシュボードに丸めて置いてあった。Ｔシャツにはぼくのにおいが付いているから安心できたのだろう、エルネストはその上で気持ちよさそうに丸くなり、旅の間ずっとそこにいた。

こんなところに猫がいるのがよほどおかしかったのか、ロシア人はエルネストを見て笑い、ほかの猫には気づかなかった。じつは車の中には全部で六匹いたのだが。

それ以外の猫たちはアレッポを出る前にハナーノからいっしょに逃げてきた人たちに託してあった。プラスチックの野菜カゴに穴をあけたものに入れ、一家族につき二匹預かってもらった。ただ、この人たちは家族の中に負傷者がいなかったため、政府が手配する緑のバスを待たなければならなかった。

ぼくたちは第二グループとともに出発。赤新月社の救急車を先頭に走る隊列の中に、猫サンクチュアリの四台の救急車両も加わった。ところが、赤新月社の救急車は西部地方の決められた集合場所までしか行かなかった。要するにアレッポと集合場所の間を往復するだけなのだ。個人の車で運ばれてきた負傷者もいたが、やはりみな集合場所で下ろされた。そこからトルコ国境まで負傷者とその家族を移送する仕事はぼくたちがしなければならなかった。

ぼくたちは負傷者を下ろしたあと集合場所に戻り、また別の負傷者をトルコ国境まで運ぶという作業を延々と繰り返し、結局すべての負傷者の搬送を終えるのになんと十二日もかかった。

このとき撮った写真には、ぼくたちが負傷者とその子どもたちに食べ物やお菓子を配っている様子が写っている。どの子も長い間お菓子なんてまったく口にしていなかった。みんな——中には知っている人たちもいた——とりあえず爆撃と飢えからは救われたのだ。骨の折れる仕事で疲れ果てたけれど、もうこの人たちは安全なのだと思うと多少は満たされる思いがした。

この十二日間に、猫たちの行き先もいくつか確保した。アレッポを出るときに預かってくれた人たちのうち何人かは北部の田舎のほうに親戚がいて、猫もいっしょに連れていってくれた。猫にとってはやはりできるだけ人といっしょに家で暮らせるほうがいい。でも、残念ながら何匹かはまた戻されてきた。

エルネスト、スホイ25、スホイ26はほかの猫たちとともにぼくのもとに残った。

トルコへ

ぼくはあまりに長いこと、アドレナリン全開で走り続けてきた。それが、友人たちも猫たちも自分も、みながとりあえず安全な場所にたどり着いたとき、ようやくアレッポで起こったことの実感がわいてきた。これまで見たことや経験したことがトラウマとなって怒濤(どとう)のように押し寄せ、頭の中がぐちゃぐちゃになった。この先自分がどうなるのか想像もできなかった。ぼくの夢はもう終わった――そう感じた。

フェイスブックグループのアレッサンドラたちから電話があり、トルコで会おうと誘われたのはそんなときだ。みんなぼくが完全に打ちひしがれ、絶望しているのがわかっていた。彼らはこの危機的なときに、サンクチュアリと家を失ったぼくの悲嘆を少しでもやわらげ、支えになりたいと手を差し伸べてくれたのだ。

ぼくは自分の家族にも一年以上会っていなかった。イスタンブールにいる子どもたちに会いたい――。ぼくはトルコ行きを決意した。

アレッポが陥落した二〇一六年末、ぼくはトルコに向かった。国境を越えるのに四日かかったが、ぼくの活動を知っていたNGOの助けでなんとか入国することができた。彼らが用意してくれた書類の上では、ぼくは仕事でシリアに出かけていて、これからトルコに戻る労働者だということになっていた。国境を越えられるのは負傷した人たちだけで、ぼくのような人間が合法的にトルコに入国することはできなかったため、こういう手を使わざるをえなかったのだ。

ようやくキリスからトルコに入ると、アレッサンドラと友人たちが国境でぼくを待っていた。みんなぼくに会ってとても喜び、なんとかぼくを元気づけ、力になろうとしてくれた。もうシリアを出てヨーロッパに行くほうがいいと助言する人たちもいた。

「シリアに残るのは大変でしょう。あなたがヨーロッパのどの国でも行けるように支援するから、そこでまた猫たちをケアすればいいじゃない」と。

妻が子どもたちを連れて去ったあと、ぼくはよく考えたものだった。もし自分もトルコに行って彼らに合流していたら、その後の人生はどうなっていただろう、と。ぼくたちの結婚は戦争で破綻してしまった。子どもたちと離れているのは正直たまらなくつらい。もしあの日、ぼくもいっしょに行っていたら、ぼくの人生はずっと楽だったにちがいない。アレッポであった身の毛もよだつような悲惨なことも見ないですんだだろう。

戦禍を逃れてヨーロッパで新生活を始め、シリアにいたときよりずっと幸せに暮らしている難民が大勢いるのはわかっている。でも、ぼくはそういう人たちのようにはなれそうにない。ぼくの町はアレッポだ。ぼくの同胞はシリア人だ。助けを必要としている人たちのために働くこと。それこそがぼくの一生の仕事なのだ。

ぼくは友人たちに言った。シリアに戻らなければならない、と。シリアにはきっとまだぼくを必要としている人や動物たちがいる。彼らを見捨てることはできない。

友人たちはぼくの決意が固いことを理解してくれた。そこで、注意深い議論を重ねたあと、ぼくがシリアに戻って新しいサンクチュアリを作ることでみんなの意見がまとまった。包囲下にあったアレッポでは猫たちの食べ物を確保することすら困難で、できることはかぎられていた。でも新しいサンクチュアリはトルコ国境に近くなる。食糧も必要な物資もはるかに簡単に手に入るようになる。だから、今度は前よりもっと立派なサンクチュアリを作ろう、と。

前のサンクチュアリから連れてきた猫たちのために、まずは新しいサンクチュアリの候補地を探すことになったが、それは反体制派の支配地域しか考えられなかった。東アレッポに残っていたというだけでぼくはテロリストとみなされるだろう。まずまちがいなく逮捕されて投獄されるだろうから、政権の支配地域に行くのは不可能だった。だが、反体制側の地域にいたら、また救助活動をしなければならなくなる可能性がある。そうなったときのために、友人たちが救急車として使える新たな車の購入資金を集めてくれることになった。

みんながぼくを応援すると約束してくれて、未来に向けての計画もできた。それでずいぶん気持ちが楽になり、また希望もわいてきた。でも、ぼくには休みが必要だった。アレッポから退避するときのトラウマや、さんざん悲惨なものを見続けた包囲下の最後の日々で、ストレスと緊張は極限に達していた。そこから回復する時間が必要だった。

テロ事件

イスタンブールに着いたのは二〇一六年の暮れで、友人たちはおおみそかをいっしょに過ごさないかと提案してきた。じつはぼくはそのころにはすっかり疲れ切っていて、できるだけ長い時間自分の家族と過ごし、リラックスしたかったのだが、せっかくの機会なのでお祝いに参加することにした。

その夜、ぼくたちはボスポラス橋に行った。周辺にはレストランやナイトクラブがたくさんあり、大変な人出でごった返していた。橋の上で写真を撮っていると、突然銃撃音が聞こえた。

ぼくは叫んだ。「急いで！　すぐ逃げないと！」

ところが友人たちは「あれはただの花火だから心配いらないわよ」とのんびりかまえている。

「ぼくは銃撃の音も花火の音もよーく知っている。信じてくれ、すぐ逃げなきゃだめだ！」

数秒後、隣のレストランから人びとが血を流しながら這い出してくるのが見えた。テロ攻撃だった。友人たちは地べたに横たわる人たちと血を見て、ようやくぼくの言うことを信じた。

ぼくたちは急いでそのエリアを離れたが、タクシーを拾えたのは朝四時まで歩き続けたあとだった。通りは治安部隊と救急車で埋まっていた。個人の車は出入りを禁止されたため一般車両は見なかった。

　イスタンブールの人びとにとっては異常な出来事だったが、ぼくにとってはアレッポの日常とほぼ変わりなかった。ぼくは友人たちにこんなジョークまで言ってしまった。

「通りには消防車と救急車しかいなくて、まるで爆撃を受けたときのアレッポみたいだね！　唯一違うのは、アレッポではいつも真っ暗で、車のライトもつけなかったけど、ここでは電灯がついていることだ！」

　だが、友人たちは初めてテロを経験し、激しく動揺していた。一人がつぶやいた。

「これって、神様が私たちに一晩だけでもあなたの長年の苦しみを味わわせようとしたのかもね……」

　このイスタンブールのテロ事件で犠牲になったのは、主にヨルダンやサウジアラビアのアラブ人で、そのほかは地元の人たちや外国人観光客だった。後にＩＳＩＳが犯行声明を出したが、テロを実行したのはサンタクロースのコスチュームを着た男だったことがわかった。

最高の相棒との出会い

　一週間後に友人たちが帰国したあと、ぼくは三週間トルコに滞在した。ようやく気持ちがほぐれ始め、子どもたちとたっぷり楽しい時間を過ごすことができた。それはすばらしい数週間だった。

知っている人もいるかもしれないが、イスタンブールの街は猫であふれている。ぼくはイスタンブールに滞在中、ある特別な猫と出会った。

その猫を見かけたのは義理の弟（妻の弟）と家に向かって歩いているときだ。「おいで」と声をかけると、義弟が笑って言う。「この猫はトルコの猫なんだから、トルコ語で話しかけないとわからないよ」

そこで彼に教わってトルコ語で「おいで」と言うと、猫はそばに来た。抱き上げて十メートルほど歩いたところで、はたと気づいた。この金色の猫はとてもきれいな毛並みで清潔だ。きっと誰かのペットにちがいない。トルコでは猫は大事にされている。家から遠くに連れていってはまずいので、ぼくは猫をその場に置いて立ち去った。

一時間ほどしてぼくたちは家に着いた。義弟はそのまま仕事に出かけようとしたが、すぐに戻ってきて言う。

「アラー、外に誰がいると思う？　さっき見かけたあのきれいな金色の猫だよ」

最初は信じられなかった。あの猫と別れたのはここから遠く離れた場所だ。別の猫とまちがえているにちがいないと思った。ところが、義弟はこう言うのだ。

「どういうわけか義兄(にい)さんのあとをついてきたんだと思うよ。家の外で待っているよ」

ドアを開けると、なんと猫はまっすぐ家の中に入ってきた！　とても穏やかで気立てのいいすばらしい猫だった。ぼくの子どもたちもすっかり気に入り、いっしょになって猫と遊んだ。

それにしても、これは驚きだった。いったいどうやってこんな長距離を歩いてぼくのところに来たのだろう？　それほどぼくのことが気に入ったのだろうか？　最初に会ったとき、抱っこしたのはほんの一分ほどなのに。

最初に見かけた場所に戻そうかと思ったけれど、義弟は前にもこの猫を見たことがあるから野良にちがいないと言う。

「もし誰かに飼われている猫だったら、そもそもついてこないよ」

ぼくたちは念のため外でえさをあげることにしたが、猫はいつも家に入りたがった。さすがにもうこれは誰かの飼い猫ではないと思ったので、イスタンブールにいる間めんどうを見ることにした。

シリアに戻るとき、ぼくはこの猫もいっしょに連れていくことにした。イスタンブールで子どもたちと過ごしたたいせつな時間を思い出させてくれる存在として、ぼくにはこの猫が必要な気がしたのだ。フィラース（友だち）。そう名付けた。

再びシリアへ

トルコでの休息が終わり、シリアに戻る長い旅が始まった。今度はシリアに密入国しなければならないのだ、猫連れで。

ぼくはフィラースをキャリーに入れ、自分の隣の座席に乗せてイスタンブール発のバスに乗った。シリアとの国境に到着したときはどしゃぶりの雨で前もよく見えないほどだった。キャリーとバッグを抱え、歩いて国境を越えようとしているうちに、フィラースもぼくも泥んこになってしまった。

そのぼくたちをトルコの国境警備隊が見とがめた。この連中に捕まると大変だという話は大勢から聞いていたが、ぼくたちは捕まって国境の監視小屋に引っ張っていかれた。彼らはシリア人がせっかく入国したトルコからまたシリアに戻ろうとするのは怪しいと思ったようだ。それに、猫連れでシリアに戻ろうとする人間なんて見たことがなかったのだろう。

シリア人はみんな困窮しているはずなのに、なぜぼくが猫のことを気にかけているのか彼らには理解できなかった。じつはフィラースはトルコの猫なのだが、彼らはそんなことを知らない。警備員たちはぼくがシリアから連れてきた猫をまた連れて戻るのだと思っていた。

最悪の事態を覚悟したところで、ぼくはふと自分の活動を紹介した記事が載っているヨーロッパの雑誌がバッグの中にあることを思い出した。イスタンブールにいるときにアレッサンドラがくれたものだ。ぼくはさっそくそれを取り出し、ぼくの救急車や猫たちの写真が載っている記事を見せた。トルコ人の警備員たちとぼくのやりとりは身振り手振りで、全部話が通じたわけではなかったが、責任者である将校は少しアラビア語ができた。

「これは君か？」と彼は写真を指さして言った。

「そうです」とぼくは答えた。それが事実だとわかると、彼はぼくに荷物を返すよう警備員たちに指示した。そしてぼくのほうに向き直って言った。「シリア、ノー、シリア、ダーイシュ（ISISのアラビア語での略語）、シリアには行くな」

シリアは危ないからトルコにとどまるほうがいいと言うのだ。一瞬前まではぼくのことを手荒く扱っていたのに、突然ぼくの身の安全を心配し始めたのがおかしかった。でも、ぼくが本気でシリアに戻ろうとしているとわかると、彼らは荷物を国境警備隊の車に乗せ、ぼくが泥を洗い流して身支度するまで待ってくれた。

警備員たちはフィラースとも戯れた。自分たちの犬まで連れてきて対面させたが、フィラースはあまりフレンドリーではなかった。タフな猫なので自分の身を守ろうとしたのだ。

ぼくを解放する前、将校が言った。

「合法的にトルコを出国したという正式な書類がなければ、シリアに合法的に入ることはできないよ」

とはいうものの、その日はもう書類の手配をするには遅すぎたため、とりあえずホテルに泊まることにした。最初のホテルはペットお断りだというので別のホテルに行ったところ、猫をキャリーから出さないという条件で泊まれることになった。でも、ぼくは部屋に入るともちろんすぐフィラースを出してやり、水と食べ物をあげ、いっしょに寝た。

翌日、ぼくは合法的にシリアを出国してトルコに入国したように見せかける書類を手配した。じつはトルコでは「私は包囲下のアレッポにいました。現在はイスタンブールにいる子どもたちに会うためトルコを訪問中です」という文章をトルコ語に訳してもらって携帯していた。トルコの人たちはアレッポから来た人間に対して好意的だったため、トルコ国内を移動する際にはなんの問題もなかった。問題があったのはシリアに再入国するときだけだった。でも、ぼくのシリアでの活動を知り、敬意を払ってくれたあのトルコの国境警備隊の将校のことはけっして忘れないだろう。

国境を越えたあと、ぼくはフェイスブックグループの友人たちに連絡を取り、フィラースといっしょに無事シリアに到着したことを伝えた。彼らにはぼくとフィラースがどのように出会ったか、トルコにいる間にすべて話してあった。イスタンブールの通りから猫を拾ってシリアに密入国させるなんて、そのあべこべのおかしさにみんな大笑いした。

フィラースのほうはそんなことはまったく気にしていないと思う。野良生活を抜け出し、ぼくといっしょにいられることで十分ハッピーそうだ。フィラースは片時もぼくのそばを離れることがなく、どこに行くにもついてきた。

「ぼくだってたまには仕事で出かけなければならないこともあるけれど、必ず帰ってくるからね」

最初のころはそのことをフィラースに理解させるのが大変だった。とにかくどこに行くにもぼくのあとをついてきたがった。

フィラースはぼくにとって最高の相棒だ。イスタンブールにいる子どもたちのことを思い出させ、ぼくに力を与えてくれる。

第8章　みんなのサンクチュアリ

猫の王マキシ

ぼくたちは新しいサンクチュアリを「エルネストのパラダイス」と名付けることにした。場所はトルコ国境のバーブルハワー検問所の近くで、アレッポからは四十五キロほど離れている。このあたりはアレッポ市内より涼しいため、アレッポの人たちがよく夏休みを過ごしにきたところだ。ぼくも子どものころ家族といっしょに来たものだった。

周辺には瀟洒(しょうしゃ)な別荘や庭園があり、オリーブやピスタチオの果樹園もたくさんある。アレッポの最初のサンクチュアリは何もない土がむき出しの区画で、景観をよくするために花や木を植えなければならなかったが、ここはそれとは比べものにならないほど美しい。

この新しいサンクチュアリのために、あるＮＧＯが一万ドルの資金を提供してくれた。ぼくはそのお金でまず土地を購入し、それから二〇一七年五月、サンクチュアリとして使う別荘を買った。フェイスブックグループの友人たちも大勢支援してくれた。

ところが、いざ建設に取りかかってみると、ぼくたちがめざしているようなサンクチュアリを作るにはもっと資金集めをしなければならないとわかった。あるスペシャルな猫が最高のタイミングで現れたのはそんなときだ。

その若い野良猫はとても特徴的な毛色をしていた。黒と金色の縞模様で、まるでトラにそっくり。シリアではこういう柄の猫はめったに見ないが、ヨーロッパにはいるらしいから、もともとの起源はヨーロッパなのかもしれない。ぼくたちはこの猫にマキシという名前を付けた。

いまぼくたちのフェイスブックとツイッターには世界中に何千ものフォロワーがいるが、マキシはその人たちの注目の的になった。みんなが注目するのはその独特な口の開け方だ。ニャオと鳴くとき、マキシは口を思いきり全開にするのだ。あまりに巨大で顔じゅうが口みたいになる。

その表情はぼくたち人間を見下しているようにも見えるし、ニャオの声も大声で、まるでどなっているように聞こえる。そこで、その偉そうな態度に釣り合うようマキシに「猫の王」の称号を与えることにした。金色の王冠と王様風の赤い服で着飾るというちょっとしたコスプレもやってみた。

それ以来、ぼくたちはマキシをネタにいろんなストーリーを作ってフェイスブックに載せている。資金集めキャンペーンの看板猫として、マキシはサンクチュアリの「マーケティング担当猫」となったのだ。

たとえば、王冠をかぶり、赤い王様のコスチュームに身を包んだ「ジュース王マキシ」がほかの猫たちにジュースやレモネードを配っている、というストーリー。サンクチュアリでは猫たちの里親募集もしているが、里親になってくれた人にはマキシ王が「里子のためにジュースを買わんかね」（=寄付していただけませんか）と聞く。

マキシが猫の美容院を経営しているという愉快な筋書きを作り、寄付してくれたらマキシがお望みのヘアスタイルにカットしますよ、というメッセージを載せたり、「広報担当猫」でもあるマキシの前にずらりとマイクを並べ、まるでスピーチしているかのような写真を載せたこともある。マキシ王は世界中のフォロワーを楽しませつつ、同時にサンクチュアリの資金集めにも活躍しているというわけだ。

ちなみに、ぼくはマキシ王の命を受けて働いていることになっている。サンクチュアリのスタッフのユニフォームとしておそろいの黄色のTシャツを新調したのだが、ぼくのTシャツの胸のところには「マキシ王の奴隷」と書いてある。マキシの食事係は「マキシ王の執事」、サンクチュアリで大工仕事をしている人は「マキシ王の大工」という具合だ。

マキシがオフィスのパソコンの前に座り、ぼくたちに仕事を割り振ったり、サンクチュアリの方針を決めたりしているかのような写真を撮ってフェイスブックに載せることもある。マキシがぼくの車に文句を言い、「余はこんなのじゃなくてフェラーリが欲しいのだ。買ってこい」と命令するとか、春には自分の「ロイヤル・ガーデン」に花を植えるよう命令するとか、ぼくたちはこんなジョークを次々とフェイスブックやツイッターに載せ、フォロワーを楽しませている。

困ったことに、マキシ王は喫煙には厳しい。ぼくは喫煙者で、頭に来たり気持ちが動揺したりしているときはついたくさん吸ってしまうのだが、マキシはタバコのにおいが嫌いらしい。ぼくのタバコの箱をはたき、床じゅうにタバコをまき散らしてやめさせようとするのだ。

マキシはいつもほんとうにいばっている。ぼくのことを「奴隷のアラー」と呼び、ガバッと大きく口を開いて命令を下す。タバコに関してはこんな感じだ。

「おまえはタバコに〝グリーン・キス〟(ぼくたちはドル紙幣のことをこう呼んでいる)を使いすぎじゃ。いますぐタバコの箱を差し出せ。ズタズタにしてやるから。わが王国は禁煙なのじゃ。さあ、早く行って余の昼食の肉を用意せぬか!」

ぼくの出す食事に文句を言うこともある。

「奴隷アラーよ、余はもうおまえのキッチンの食べ物には飽き飽きじゃ。毎日肉、肉、肉ばかりではないか。余はツナが食べたいのだ!!!　余の高貴な体とすばらしい毛皮を保つために、ツナを買え！」

ぼくたちのプロジェクトにさらに資金が必要になると、フェイスブックでそれを告知するのはマキシの役目だ。たとえばこんなふうに。

「わがファンたちよ、余の新たな王国はほとんどできた！　家来たちがドア、キッチン、ジム、花壇、そして余の美しい毛皮の手入れをする美容院の準備をしておる。だが、資金集めのゴールがまだ達成できていないのだ。支援してもらえぬかな？」

そこにぼくたちは寄付ページへのリンクを貼るというわけだ。

もちろんシリアスなことを投稿するときはこんな冗談めいたことはしない。でも、ぼくたちはマキシのおかげでこうしたちょっとした遊びを楽しませてもらっている。サンクチュアリでいちばん有名な猫はマキシだ。マキシは猫の王様なのだから、ぼくたちは王国の支配者であるマキシ王の言うとおりにしなければならない。

だが、マキシ王の指導力をもってしても、新しいサンクチュアリをスタートさせるのはそう簡単ではなかった。命の危険さえあった。といっても、ここでの危険は爆弾ではなく、盗っ人だった。ぼくが大金を受け取ったことを嗅ぎつけた地元のならず者たちがサンクチュアリのための資金を奪おうとしたのだ。盗っ人たちはサンクチュアリの活動を認める代償として、高額の賄賂をよこせと脅してきた。

だが、ありがたいことに、地域の友人たちがぼくを守ってくれた。ぼくは自分のしていることを誇りに思っていたし、こんな連中に屈するつもりはさらさらなかったから、盗っ人たちにはこう言ってやった。

「ぼくがおまえらを怖がると思うのか？　怖かったらもうとっくにシリアを出ているさ。ここにはぼくのことを大事に思ってくれる人たちが大勢いる。そういう人間には手出しできないぞ」

地域の友人たちはみな一般市民だったが、ぼくとサンクチュアリを守る役目を買って出てくれた。彼らの助けがなかったら、とても無事にサンクチュアリを完成させることはできなかっただろう。

建設作業には地元の人たちを雇用し、アレッポのときと同じように猫のサンクチュアリの隣に遊園地も作った。遊園地の名前は「希望の遊園地〜子どもたちのためのペットセラピー」。アレッポのサンクチュアリが爆撃されたとき致命傷を負った犬「ホープ」（希望）にちなんでこう名付けた。

ぼくたちは二〇一八年六月のイードのとき、盛大な開園祝いのパーティを開いた。地域の三百人ほどの子どもたちを招待し、お菓子やプレゼントを配って子どもたちにも親たちにもとても喜ばれた。ちなみに、この地域にいる人たちのほとんどは、ぼくと同じように国内のほかの町から避難を余儀なくされた人ばかりだ。

新しいサンクチュアリの発展

二つ目のサンクチュアリは最初のエルネスト・サンクチュアリよりはるかに立派だ。シリアでは珍しい「猫ハウス」(猫が一匹ずつ入れる小さな小屋)まであり、別荘の中庭に面してずらっと並んでいる。それぞれの小屋の白い切り妻屋根には寄付してくれた人の名前を彫った。「猫ハウス」はフェイスブックの友人たちの提案によるものだが、シリア人はこういうものを見たことがなかったので、みんなとても感心した。前のサンクチュアリよりずっと広いため、猫たちに食事を与えたり、世話をしたりするのにも新しいやり方を工夫している。

また、サンクチュアリの建設が終わってすぐのころ、ある獣医師との出会いもあった。彼の名はムハンマド・ユースフ。獣医師はほとんどみな国外に出てしまったので探すのは大変だったけれど、ユースフ獣医師はぼくと同じようにシリアに残った一人で、喜んでぼくたちの仲間に加わってくれることになった。

サンクチュアリに連れてきた猫たちの中には、病気だったり、車にはねられてけがをしている猫もいたけれど、ユースフ獣医師の治療のおかげで回復した。彼の腕前が評判になるにつれ、地域の人たちも自分たちの動物をサンクチュアリのクリニックに連れてくるようになってきた。サンクチュアリにいる動物たちだけでなく、地域のすべての動物たちに無料の診療を提供できるようになったのはユースフ獣医師のおかげだ。

麻酔薬が手に入ったときはユースフ獣医師が避妊・去勢手術をする。ただ、麻酔薬はとても高価なうえ、なかなか手に入らないため、ぼくたちのところにいる猫や犬をすべて手術するまでにはかなりの時間がかかるだろう。でも、避妊・去勢手術がどれだけ動物たちの健康と長寿にとって重要かはよくわかっているから、地域の人たちにもそれを伝え、啓蒙（けいもう）する努力をしている。

フェイスブックグループの寛大な寄付のおかげで、ぼくたちは病気を診断する超音波機器を購入することができた。いつかユースフ獣医師がひととおりすべての診療をおこなえる動物病院を開設できるように、サンクチュアリに隣接する土地も購入したところだ。

いまぼくには新しいサンクチュアリの仕事を手伝ってくれる親しい友人が二人いて、おおいに助けられている。ぼくはこれまで大勢でグループを作ったことは一度もなく、こういう小規模で結束の固いグループがいちばん性に合っているように思う。子どものころから集団でつるむのは苦手だった。いまでも夜みんなで出かけたりするより家にいるほうが好きだ。

ぼくの日課は、食べ物や治療を必要としている野良猫を探して歩くことだ。サンクチュアリに連れてきた猫の中にはそのまま居つく猫もいれば、出たり入ったりする猫もいる。いつも食べ物をもらいに来る猫がいる一方、二度と戻ってこなかった猫もいる。

サンクチュアリの動物たちの数はどんどん増えている。いまでは百匹ほどの猫と子猫、たくさんの犬、四匹のサル、ウサギ、鳩（はと）、ガン、アヒル、そして馬がいる。医薬品やワクチンを確保するのはいまでも困難だけれど、トルコから必要なものを入手できるよう手を尽くしている。自分たちにできるかぎりこの動物たちを助けていきたいと思っている。

ただ、この地域はまだ完全に安全というわけではない。武装勢力どうしの衝突が起こり、危なくて外に出られなくなったこともあった。幸い戦闘はサンクチュアリのすぐそばでは起こっていないが、ときには過激派の検問を通過しなければならないこともある。ぼくがタバコを吸ったり音楽を聞いたりしているのをとがめる者もいるが、狂信者には逆らわないのがいちばんだ。

子どもたちのプログラム、再び

最初のサンクチュアリでもやっていたように、ぼくたちはここでも動物のたいせつさについて子どもたちの意識を高め、ケアの仕方を教える活動を続けている。アレッポでもそうだったが、この地域でも初めのうちはほとんどの子が猫を嫌う。でも、しばらくして、猫が自分たちに危害を加えないとわかると、好きになる。猫は引っかくものと思っていたのが、猫のことを知るうちにだんだん慣れていくのだ。いまでは子どもたちは毎日サンクチュアリに来て、アレッポの子どもたちがしていたのと同じように、猫と遊んだり、そばに座ったり、ご飯をあげたりしている。

そもそものきっかけは、たまたま地元の小学校から生徒たちのためにパーティをしてほしいと頼まれたことだった。その学校には百二十人ほどの生徒がいるが、そのうち多くは親を亡くした子どもたちだ。

パーティは大成功だった。子どもたちはぼくになつき、まるでほんとうの叔父さんのように慕ってくれるようになった。学校に行くとみんなに取り囲まれてもみくちゃにされるぐらいだ。

その学校は生徒たちをたいせつにしていて好感が持てた。それで、子どもたちに動物愛護について教える活動も徐々に始めたのだが、それはなかなかうまくいっていると思う。最初のサンクチュアリで始めたのと同じ試みが二番目のサンクチュアリでも実を結びつつあるのは、ほんとうに嬉しいことだ。シリアやアラブの子どもたちのほとんどは、犬や猫に対してちょっと考えられないぐらいひどい扱いをする。でも、新しい世代の子どもたちには動物を愛し、尊重する人間に育ってほしいと心から願う。

ここでは地元の子どもたちのほかに、難民キャンプの子どもたちや戦争で親を亡くした子どもたちも遊びに来て、猫やほかの動物たちとふれ合うことができる。それは戦争の中で経験しているさまざまなストレスへのセラピーのようなものだ。同時に、子どもたちは動物たちとのふれ合いを通して、動物をたいせつにし、愛することを学んでいく。

アレッポでやっていたのとまったく同じように、ここでもぼくたちはいくつかの学校と連携し、毎週パーティやイベントを開催して子どもたちに食べ物やお菓子、おもちゃなどを配ったり、学校でいちばんがんばっている子を表彰したりしている。子どもたちのためにいろんなサービスを提供するうちに、猫のサンクチュアリはこの地域でもよく知られるようになった。

ぼくたちはフェイスブックグループの支援を受け、親を失った何百という孤児たちに食料品や必需品を提供したりもしている。グループからの寄付のおかげで自家用バスも購入できたので、それで地域の学校や児童養護施設の子どもたちをサンクチュアリと遊園地に送り迎えしている。

助けを必要とするシリアの子どもや大人と、海外の心ある人たちをつないでいるのは動物たちだ。ぼくが動物のケアを通してシリアの人びとの苦難を海外に伝える一方、海外の人たちのほうではサンクチュアリを通してこれらの人びとのことを知る。動物たちのおかげで人間にも恩恵がもたらされることを示すのはぼくたちの重要なミッションなのだ。人も動物もともに助かる、そんな活動をもっともっと広げていきたいと思っている。

セドラという女の子

この新しい場所にもアレッポからいっしょに避難してきた仲間たちが何人かいる。でも、連絡が途絶えてしまってもはや探しようのない人たちもいる。たとえばセドラという十歳の女の子。彼女はぼくといっしょに猫にえさやりをしていた子どもの一人だった。

かわいそうに、当時セドラは失明しかけていて、歯の矯正も必要だったため、フェイスブックグループの友人たちが治療費と薬代を送ってくれた。それでも網膜が壊死(えし)し始め、片方の目の視力を失いそうになったが、幸いにも友人たちが手術費用も出してくれて、セドラは五十パーセントほどの視力を回復することができた。

セドラの家族は母親と二人の弟だった。車の塗装工だった父親は、戦争ではなく心臓発作で亡くなった。医師によれば、塗料の毒が体に害を与えたのではないかという話だったが、彼がまだ三十歳という若さで死んでしまったことにぼくたちはみなショックを受けた。

セドラはぼくと同じ地区に住んでいて、ほとんど毎日サンクチュアリに来ていた。よく友だちを連れてきては猫たちのえさやりを手伝ってくれたものだ。とくに子猫が好きで、湿らせた綿で目の周りを拭いてやったりしていたが、セドラはそのやり方をぼくたちから学んだのだった。

でも、アレッポを出るときにみんなバラバラになってしまい、いまどの地域にいるのか、いや、どこの国にいるのかもわからない。彼女の電話番号さえ聞いていなかった。セドラと家族が無事でいることを祈るばかりだ。

アレッポ最後の庭師とその息子

セドラと違い、アレッポから避難したあとも連絡を取り合い、援助を続けている子もいる。メディアから「アレッポ最後の庭師」と呼ばれていたアブー・ワルドの息子、イブラヒームだ。

アブー・ワルドはアラビア語で「バラのお父さん」を意味する。アレッポの人びとはみなアブー・ワルドのところに墓参り用の花や、庭に植える花を買いに行ったものだった。ぼくたちも猫のサンクチュアリと遊園地に植える木や花を買いに行った。

アブー・ワルドの農園はごく簡素なものだった。それでも彼は二〇一六年の夏にジャーナリストのインタビューを受けたとき、こんなことを言ったのだ。

「この農園には何十億ドルもの値打ちがある。ぼくは世界を所有しているようなものなんだ！　ぼくたち普通の人間こそが世界全体の所有者なのさ！　この世界はぼくたちのものだ」

彼が何を言いたかったのか、ぼくにはよくわかる。日々命の危険にさらされて暮らしていると、生きているという感覚や共同体意識、感情などが研ぎ澄まされ、強化されてくるのだ。あってあたりまえのものなど何一つなく、すべてのものが必要不可欠の存在となる。どんな小さなものでも何か非常に特別な、たいせつなものと感じられるようになるのだ。

アブー・ワルドは息子のことをとても誇りに思っていた。イブラヒームはまだ十三歳だったが、父親を手伝うために学校を辞めていた。父と息子はとても近しく、毎日何時間もいっしょに植物の世話をして過ごしていた。

「わが息子イブラヒームは黄金並みの価値がある」とアブー・ワルドは言ったものだ。

「あの子は特別な人間だよ。ここに立ち、一日中樽爆弾が周りに落ち続けているのに動じないんだ。神を信じる者にとって死はなんでもない。運命を決めるのは神だからね……」

二〇一六年十二月、政権軍とロシア軍が包囲下のぼくたちをねじ伏せようと激しく爆撃していたとき、アブー・ワルドの農園はヘリコプターから投下された樽爆弾に直撃された。アブー・ワルドは即死だった。自分が育てた美しい花々に囲まれて死ねたら本望だというのが彼の口癖だったが、その望みはかなえられたのだ。イブラヒームもそこにいて爆発の衝撃で気を失ったが、けがをせずに助かった。

でも、イブラヒームにとって、父親の死は世界を丸ごと失ったに等しかった。農園は閉鎖され、この先どうすればいいのか想像もつかなかった。少年は怒りと復讐(ふくしゅう)に燃え、父親を殺した者を殺してやりたいと念じた。だが、そのわずか数週間後にアレッポが陥落し、イブラヒームもみんなと同じように町を出なければならなかった。あの緑のバスに乗って。

その後、ぼくはイブラヒームがアレッポから二十キロほど西のダーラト・イッゼという町にいること、父親の死後、家族がバラバラになってしまったことをニュースで知った。アレッサンドラもそれを聞き、少年を探して何か自分たちにできることはないか尋ねてみて、と言ってきた。

ところが、孤児となったイブラヒームと姉のサバーは親族間のさまざまな軋轢(あつれき)に巻き込まれ、複雑な状況に置かれていた。二人は叔父のもとに身を寄せたものの、サバーは体調を崩した。サバーも父親とはとても近しかったから、その死が大きなトラウマになったのだろう。ぼくは二人に会いに行き、父親の墓参りに連れていった。そしていっしょにお墓の周りに花を植えた。

ぼくはイブラヒームが父親の仕事を継げるよう、農園再開への支援を申し出たが、彼の継母（ままはは）が反対した。彼女自身の息子はまだ五歳で、娘たちは六歳、七歳、八歳。長男であるイブラヒームに何かあったら自分たちのめんどうを見る者が誰もいなくなることを恐れたのだろう。当時アレッポはまだ安全ではなかったので、たしかに毎日農園に通うのは危険かもしれなかった。

そこでぼくは別のやり方でできるだけ援助することにし、イードのお祝いに新しい服を買ってあげたり、お互いに連絡を取り合えるよう携帯電話を買ってあげたりした。ときどき避難所にいる継母と子どもたちを訪ね、洗濯機やガス調理台、自転車などを届けたりもした。最後に聞いた近況では、彼らは避難所のテントを出てちゃんとした建物に移り、元気でやっているそうだ。

子どもを利用した人情話

イブラヒームのストーリーのように、ジャーナリストやテレビ番組などがいわゆる「人情話」として報道し、それが世界中に拡散して広く知られるようになるケースはほかにもあった。子どもが絡むと大きな関心が集まるので、メディアは子どもに関するストーリーを取り上げたがる。

たとえば、アレッポの爆撃のことをツイッターで発信していた七歳の女の子バナ・アベド。母親が手伝ってたまたま英語でツイートしていたため、世界から注目されて有名になった。

ところが、この話をトルコ政府が利用した。彼らは無事トルコに逃れたバナがカメラに向かって微笑むシーンを演出し、自分たちがどれだけ慈悲と思いやりにあふれているか世界にアピールしたのだ。バナと家族はトルコ政府の特別な計らいで、難なくトルコに入国することができた。

でも、バナは爆撃の下にとらわれたシリアの何千もの少女たちの一人にすぎない。違いといえば、みんながみんなバナのような国際的知名度がなかっただけだ。バナと家族がたどった同じルートでトルコに入国しようとした人たちは、トルコの国境警備隊に三千ドルもの賄賂を支払わなければならなかった。

じつはぼくがアレッサンドラやイスタンブールにいる家族に会いにトルコに行ったときも、密入国するのに二千五百ドルかかった。二〇一六年十二月はまだそういう状況だったのだ。

前の章でも書いたように、合法的にトルコに入国できるのは緊急の医療措置を必要とする人だけだった。救急車両は国境を越えることが許されており、国境警備隊から一時間だけトルコ国内にいてもよいという特別な許可証を発行されていたので、ぼくは何度も重傷の人たちをトルコのキリスにある病院に運んだ。

だが、命には関わらないけれど、シリア国内ではできないような治療、たとえば骨接ぎなどの場合、人びとは入国許可が下りるわずかなチャンスに希望を託し、何ヵ月も国境で待たなければならなかった。

トルコはアレッポの包囲を終わらせた停戦交渉に関わっており、当初負傷者はすべてトルコ国内に移送されることになっていた。ところが、包囲の最後の五ヵ月間であまりに多くの――三千人以上の――負傷者が出たため、トルコ政府は考えを変え、急を要する人だけを受け入れることにしたのだ。そのほかの人たちは国境で取り残された。そして、何ヵ月も待っているうちに、多くの人が死んだ。

ぼくの友人で、同じように救急車を走らせていたヤーセル・アブー・ムハンマドは救助活動中に負傷し、足を失った。彼もまた宙ぶらりんで取り残された一人だ。丸々一ヵ月も国境で足止めされ、さまざまな書類や証明書を整えなければならなかった。ようやくトルコに入国し、入院したときにはけがが悪化していて、膝の下のけがだったのに膝の上から足を切断するはめになった。入国できるのを待っているうちに感染が広がってしまったのだ。ヤーセルは義足を与えられたものの、いまも動くのに非常に苦労している。

みんなのサンクチュアリ

二〇一八年の春、ダマスカス近郊のグータでの爆撃で、目と顔の一部を失ったカリームという小さな男の子がいる。この子のストーリーも拡散されて有名になり、世界中の人びとの心をとらえた。ソーシャルメディアでは、カリームへの連帯を示すために手で目を覆う自分の写真を投稿する人も大勢いた。

そこで、トルコの赤新月社は、バナのときと同じようにトルコに連れてきて宣伝に利用しようとこの子を探し回った。カリームの家族は彼をスーツケースの中に隠そうとしたけれど結局見つかり、広報写真を撮るためにトルコに連れていかれた。ところが家族はいっしょに行くのを拒否した。合計五十三人もいる自分たちの親族全員が国境を越える許可をもらえないかぎり行かない、という大胆な手に打って出たのだ。この一家は非常に賢かった。

こういう子どもたちの話を聞くたびに、ぼくは強い憤りを感じずにはいられなかった。この世にたった一人でも、たった一つでも、真剣に人びとのことを考えている大統領や政府はいないのだろうか。彼らが気にかけているのは自分たちのイメージと利益だけではないのか。子どもたちがこんなふうに利用され、その子たちと家族だけが特別扱いされるのにはほんとうに腹が立った。なぜなら、何千というほかの子どもたちはいまも戦場に取り残されているからだ。助けを必要としているのはその子たちだってまったく同じなのに、無名だというだけで誰にも相手にされないのだ。

ぼくにとっては取り残された子どもたちはみんなわが子のようなものだ。だから自分の住む地域で、一人でも多くの子どものめんどうを見るつもりだ。この醜い戦争でこの子たちがどんな目にあってきたか、ぼくはよーく知っている。

いま、ぼくたちは新しいサンクチュアリでもアレッポにいたときと同じプログラムをやっている。たくさんの子どもたちがここに来て、猫たちを見ながらいろんなことを学んでいる。猫のためのサンクチュアリが子どもたちをケアする一方で、子どもたちがお返しに猫たちのケアを学ぶなんて、すばらしいことではないだろうか。そういう活動ができることを心から光栄に思う。

ぼくたちのサンクチュアリにはいくつもの学校が生徒たちを連れてくるし、子どもたちはサンクチュアリで誕生パーティをしたいと親にねだる。そしてもちろん、ぼくたちは彼らのためにとびきりのケーキを作る。動物であろうと人間であろうと、このサンクチュアリはみんなのものなのだ。

【コラム　ラマダンについて】

イスラム暦の九ヵ月目にあたるラマダンは特別の聖なる月だ。それは月周期に従い、新月から月が満ち欠けを経てまた新月になるまでおよそ三十日間続く。ラマダンに断食をするのはイスラム教の五つの柱の一つで、この時期は日が沈むまで飲み食いをしない。

ただし、体調が悪かったり、移動距離が八キロ以上の旅行をしている場合は、断食しなくてもいいことになっている。子どもたちも十歳か十一歳ぐらいになるまで普通断食はしない。でも、それより若くても、断食に体を慣らすため一日に二、三時間の断食をすることはけっこうある。

ラマダンはイスラム教徒にとって非常に重要な行事で、コミュニティのきずなを強めるものだ。断食をする代わりに貧しい人びとに食べ物やお金を喜捨（きしゃ）することもできる。喜捨する金額は一人の一食分の代金に相当する額ということになっているので、今年（二〇一九年）のシリアでは一日一ドル、レバノンなら一日五ドルだ。ほとんどの人は一度に一ヵ月分まとめて喜捨する。アラビア語でザカートと呼ばれる喜捨はイスラム文化の重要な部分を占めている。

ラマダンの間、中でもラマダンの最後におこなわれるイード・アル＝フィトル（断食明け大

祭）のときには、すべてのイスラム教徒が貧しい人びとになんらかの施しをすることになってい
て、貧しい人たちがイードのお祝いに贈り物を買えるよう、ラマダンが半ばを過ぎたころにお金
を渡す。

イードのお祝いに子どもたちがお小遣いをもらうのも伝統の一つで、子どもたちは親戚みんな
からお小遣いをもらい、それをイードの間に使う。お小遣いをくれる親がいない孤児たちは普通
なら何ももらえないが、フェイスブックグループの支援のおかげで、いまではこの子たちにも手
を差し伸べることができている。

ラマダンの間は毎日日没時に礼拝の呼びかけや大砲の音が断食終了の正確な時間を告げる。そ
のときにはみんなすでに集まり、イフタール（日没後の最初の食事）を待っている。サンクチュ
アリでも大勢の人びとを招待し、集まってイフタールを楽しむことがある。みんないっしょに日
没の時間きっかりまで待ち、しんどい断食のあとまた食べ物を味わい、水で喉をうるおす特別な
時間をともに分かち合うのだ。これらの瞬間には神をより身近に感じ、与えられたものに心から
感謝の念を抱く。ラマダンは他者の空腹、他者の痛みを感じるチャンスとともに、他者を助ける
チャンスをくれる。ラマダンは一年の総決算であり、もっともいい時間なのだ。

第9章　さまざまな動物たちを保護する

盲目の黒猫

シリアでは黒猫は悪魔の化身だと信じられていて、猫の中でもとくに嫌われている。たぶん暗闇の中だと姿が見えないのが不気味に感じられるのだろう。まったくひどい話だが、ほとんどの人は黒猫を見ると殴ったり、蹴り飛ばしたりする。ばかげた迷信のせいでみんなから忌み嫌われる黒猫はほんとうにかわいそうだ。

黒猫の肉を食べると黒魔術から身を守れるとも言われているが、イスラム教では猫を食べることは禁じられている。ぼくの知るかぎり唯一の例外は、二〇一四年、ホムスの町が包囲され、「飢え死にするか降伏するか」迫られたときだけだ。住民たちは何年にもわたる包囲で飢餓に陥り、栄養失調で死にそうになっていた。ついに草まで食べるようになったとき、イマーム（イスラム教の指導者）がファトワ（イスラム法学者による宗教見解）を出し、猫を食用にすることを許可した。そのときを除いて猫は守られているが、こと黒猫に関しては有害な作り話がいろいろあって困ったものだ。

新しいサンクチュアリが開所して六ヵ月ほどしたある日のこと。二人の子どもが小さな黒猫を連れてきた。まだ生後三ヵ月ほどの子猫だった。道端でほとんど動かずじっとしているところを見つけたのだという。よく見ると、片方の目は完全に失明していて、もう一方の目もほとんど見えていなかった。ぼくは子どもたちにお礼を言い、おもちゃをあげた。それ以来、この子たちは野良猫を見つけると必ずぼくのところに連れてくるようになった。

体を洗ってやり、目をきれいにし、食べ物をあげると、小さな黒猫は少しずつ元気になってきた。ぼくたちは亡くなった友人の名前を取ってこの子猫をファーディと呼ぶことにした。

それからもう一年ぐらいになるが、ファーディはとても静かな猫だ。目が見えないファーディにはとくに気を配ってやらないといけない。自分から食べ物を取りに来られないので、目の前にお皿を置いてやるようにしている。少しでも体を動かさないともっと弱ってしまうのではないかと心配なので、なるべく遊ばせるようにもしている。最近は以前よりはよく動くようになってきたけれど、目が見える猫に比べるとまだまだ足りない。

猫は本来人間よりはるかに視力がいい動物だ。その大きな瞳孔のおかげで暗闇の中でもよく見えるのに、ファーディには見えないのは悲しいことだ。ときどき自分からほかの猫たちと遊ぼうとすることもあるけれど、なかなかうまくいかない。でも、ほかの猫たちはどういうわけかそんなファーディの事情を理解しているように見える。彼の弱さにつけこんでいじめるような猫は一匹もいない。

その後、また別の黒の子猫を保護する機会があったのだが、驚いたことに、その猫もファーディと同じく片方の目を失明していた。ロドリゲスと名付けたこの黒猫とファーディはすっかり仲良しになった。いつも二匹でいっしょにくっついているので、ぼくらは〝ブラック・ギャング〟とか〝ブラック・パンサーズ〟（黒豹）と呼んでいる。血のつながりはないけれど、ファーディとロドリゲスは家族になることにしたようだ。

ちなみに、アレッサンドラたちから聞いたある遺伝子研究によると、ペットの猫はすべていまから一万二千年前、ぼくらのいる中東地域にすんでいた野生の猫の子孫なのだそうだ。農民たちが徐々にその猫たちを手なずけ、猫たちが家の中で暮らし始めた結果ペットになったのだという。

それでもほとんどの猫はいまも祖先と変わらぬ狩りの習慣を持ち続けている。ファーディのように自分で狩りができない猫は野生だったら死んでいただろう。ところが意外なことに、ここの猫たちはみんなファーディに優しいのだ。もしサンクチュアリでファーディを保護していなかったら、どうだっただろう。ほかの猫たちがファーディのめんどうを見るだろうか。ぼくはめんどうを見るような気がする。ファーディは誰の脅威にもならないし、ほかの猫の食べ物を横取りすることもないのだから。

じつはこの説を裏付けるちょっといい話を、ぼくは祖父母から聞いたことがある。それはこんな話だ。

二人の男性がモスクの屋根に座ってお昼を食べていると、一匹のメス猫が通りかかった。一口食べ物をやると、猫はそれをくわえて走り去り、またすぐに戻ってきて、もっとくれとせがむ。それを何度か繰り返すうちに、二人の男性は猫がいったい食べ物をどこに運んでいるのか知りたくなり、あとをつけた。

すると、そのメス猫がある家に行き、別の猫の前にそっと食べ物を置くのが見えた。その猫は目が見えていなかった。このメス猫は自分で食べ物を取れない猫のめんどうを見ていたのだった。

ぼくはこれまで猫たちがお互いどうし、あるいは障害があったり傷ついていたりする猫に対して優しさや愛情を示すのを見てきた。ぼくたち人間は優しさや愛情について、猫たちから多くを学べるのではないだろうか。

猫は人間に対しても愛情を示してくれる。この人は安全だ、と感じられたら心を開き、好きだよ、と伝えてくれるのだ。猫どうしだと本能が出るから、ときには食べ物をめぐる争いが起こることもあるが、人間との関係性は違う。ぼくたちが怒りや悲しみを感じたとき、猫たちはぼくたちの気持ちを落ち着かせ、心を鎮めるのを助けてくれる。ぼく自身何度それを経験したことだろう。

ぼくは猫に食べ物をあげると幸せな気持ちになる。猫がぼくのそばに来て座ってくれると、嬉しくて自分の痛みなど忘れてしまう。たとえば、スホイ25はぼくが呼ぶとまっすぐぼくの肩に飛び乗る。すると思わず笑ってしまい、どんなに嫌なことがあっても忘れてしまうのだ。

子どもたち——戦争で悲惨な出来事を目撃したり、爆撃にあったりしてトラウマを抱えた子どもたちにも同じような効果があるのをぼくは何度も目の当たりにしてきた。猫を見、その体を撫でさせてもらった瞬間、子どもたちの気持ちは一瞬にしてぱっと明るくなる。子どもたちの表情や動きを見ればはっきりわかる。それはなんともいえず美しい光景だ。

馬のエゼル

ぼくたちの新しいサンクチュアリは主に猫のためのものだ。でも、必要に応じてそれ以外の動物たちを助けることもある。

まずは馬の話から始めよう。

エゼルというその馬はアレッポの南にあるハマー市に住む人たちに飼われていた。この家族は何度も避難を余儀なくされ、村から村へと引っ越しを繰り返していた。ぼくはある友人からこの馬が引っ越しのたびに過酷な目にあっていると聞いた。トラックの荷台は家具でいっぱいで馬を乗せるスペースがないため、エゼルはロープでトラックにくくりつけられ、引きずられていくのだという。

飼い主に会いに行くと、厩舎(きゅうしゃ)もないし、もうこの馬を飼い続けるのは無理、という話だった。エゼルは戦争の影響でシリアではまれになったサラブレッドだ。ぼくはなんとかこの馬を救いたいと思い、買い取ることにした。

飼い主から渡された農業省発行の血統書によると、エゼルは正真正銘のアラビア種の馬で、父親はビーバルスだと記載されている。ぼくたち人間の身分証はとても小さく、両親の名前と出生地が記されているだけなのに比べ、エゼルははるかにたくさんの証明書を持っていた。

馬のことがわかる人を探したところ、詳しい人が見つかった。以前サラブレッドの厩舎で働いていた男性で、いまは避難民となり、古い壊れかかった家に家族と住んでいた。ぼくたちは彼に多少の月給を払い、エゼルの世話をしてもらうことにした。エゼルは戦争のためにネグレクトされてやせ細っていたけれど、この男性のおかげでどんどん回復した。嬉しいことに、いまではすっかり元気になり、エネルギーにあふれて生き生きしている。

エゼルはみごとな茶色のサラブレッドで、その身のこなしはじつに優雅だ。サンクチュアリにはエゼルが走り回れるだけの十分なスペースがないので、もっと広い土地を近くに購入したいと思っている。

ぼくの願いは伝統的なシリアの母親にならって、彼に連れ合いを見つけてやることだ。子どもを作ることができたら、シリアのサラブレッドの頭数を増やすことにもつながる。でも、サラブレッドはもうほとんど残っていないため、はたしてエゼルの相手になるメス馬が見つかるかどうかわからない。

サルの夫婦

その点、ぼくたちのサル、サイードとサイーダはラッキーだ。もうすでに相手がいるからだ。ぼくたちは国内避難民のキャンプで支援物資の配布をしているとき、この二匹を見つけた。高さ九十センチ、幅五十センチほどの、サルにとっては小さすぎるスペースに押し込められ、自分たちの排泄物の上に立たされていた。ケージは汚物にまみれ、悪臭がした。

飼い主は「前は家の中で飼っていたが、家が破壊されて避難しなければならなくなった。だからこんなケージに入れるしかなかったんだ」と言い訳した。

そこでぼくはこの飼い主からサルたちを買い取り、サンクチュアリの隣の遊園地で飼うことにした。サルたちがのびのびできるように大きな囲いを作り、中には木を植えた。これまで多くのプロジェクトをサポートしてくれたフェイスブックグループの友人たちが、今回もそのための資金を提供してくれた。

この二匹の名前、サイードとサイーダはかつてアレッポのサビール公園にいたサルたちの名前だ。アレッポの市民なら誰でも知っているような人気者だったので、そのサルたちへの敬意を込めて同じ名前を付けたのだ。

アレッポにはたくさんの公園があった。ぼくが見たある本には全部で百七十一もあったと書かれている。中でもいちばん人びとに愛されていたのは、ぼくらがハディーカ・アーンマと呼ぶ国立公園と、サビール公園だ。

イスラム教徒の休日である金曜日には、町を離れて公園に出かけ、ピクニックをしたり、ケバブのバーベキューをしたりして、一日中戸外で過ごしたものだった。子どもたちが太陽のもとで走り回っている間、大人は日陰の草の上で涼む。家にエアコンがあるのは金持ちだけだったから、普通の人びとは夏、新鮮な空気を求めて野外に出かけたものだった。

国立公園はシリア最大の公園で、イスラム教徒居住区とキリスト教徒居住区の間のアズィーズィーエという地域にある。緑豊かな六角形の敷地(しきち)の中をクウェイク川が流れるとても美しい公園だった。この公園は一九四九年、アレッポ自治体の首長がアレッポ市に寄贈したものだ。当時の権力者たちはしばしばこういう利他的な行為をしたようで、首長は親族の反対を押し切ってこう宣言したという。

「この土地はアレッポ市のものだ。私の祖父ナーフィウ・パシャがオスマン帝国のスルタンから贈られたこの土地を、いまアレッポの人びとに返すものである」

この公園のデザインはすばらしかった。いたるところに噴水や花壇や木々があり、アブー・

フィラース・アル＝ハマダーニのような名高いアレッポの詩人たちの彫像もあった。人びとはこの公園でくつろぎ、色彩豊かな背景をバックに写真を撮り合ったりしたものだった。

だが、公園のある地域は前線に近く、政権と反体制派が激しい戦闘を繰り広げたため、大きな被害を受けた。いまでは家を失った人たちが公園内にシートや毛布を敷いて暮らしている。地元の精神科病院の入院患者たちも、病院が兵営として使われるようになり、公園に避難することを余儀なくされた。

ぼくは子どものころ、国立公園より規模の小さいサビール公園のこぢんまりした動物園に行くのが楽しみだった。ここにはサルのサイードとサイーダ、クジャクやウサギ、鳩(はと)などがいた。サルたちはみんなの人気者で、食べ物やジュースなどのほか、驚いたことにタバコまでもらっていた。ヒマワリの種とタバコが好物で、なんとタバコを食べていた。

サイードとサイーダのしぐさを夫婦げんかに見立てるなど、人びとはサルたちをネタにいろんなジョークを考え出した。この二匹はアレッポの人びとの日々の暮らしを物語る民間伝承の一部でもあったのだ。

サンクチュアリに連れてきた当初、サイードとサイーダはとても具合が悪く、やせ細っていた。目の周りと首の周りにも感染症を起こしていた。でも、ぼくたちが世話をするうちに回復し、前よりずっと元気になった。

ところがそうすると格段に動きも素早くなったため、二匹を新しく作った大きなケージに移すのは二人がかりの作業だった。移動させようとしているとき、ぼくはサイードに嚙まれた。ものすごく痛かったし、大きな傷が残ったけれど、嚙んだ理由がわかるから腹は立たなかった。たぶんサイードはまた元の狭いケージに戻されると思ったのだろう。サイードにはぼくが助けようとしていることはわからなかったのだ。

いまではサルたちは新しいエルネスト・サンクチュアリで幸せに暮らしている。毎日新鮮な野菜と果物を食べ、とくにバナナがお気に入りだ。ケージ内の木に取り付けたロープやブランコでいろんなアクロバットもやってみせる。ぼくたちはときどきその様子をビデオに撮ってツイッターに流し、彼らが元気でやっているのが外の人たちにもわかるようにしている。

獣医師によると、二匹はまだ若く、生後十五ヵ月ぐらいとのこと。そのうち子どもができるのをみんな期待している。赤ちゃんザルが見られたら嬉しいけれど、どうもサイードは交尾の仕方がわからないようだ。サイーダは興味を持っているのだが、サイードのほうはさっぱりで、興味がないらしい。

サンクチュアリには飼い主が置いていった白いウサギも何羽かいる。オスが二羽、メスが一羽に赤ちゃんたちだが、猫といっしょにするのはよくないので遊園地のほうで飼うことにした。遊園地にはそのほかにも鳩が五羽、アヒルが二羽、ガンも三羽いて、子どもたちはウサギや鳥たちをながめたり、ふれ合ったりして楽しんでいる。

マラクと鳩のヒナ

新しいサンクチュアリにはさまざまなスキルを持った人たちがいる。サンクチュアリでやっている無料動物診療所で患者の名前を登録し、記録を取る係をしている男性は、じつは鳩の世話係でもあるのだ。「鳩のことなら任せてくれ」と言うだけに、ほんとうに鳩に詳しい。鳩の具合が悪ければすぐにわかるし、卵を見つけるにはどこを探せばいいのかもよく知っている。

ある日、マラクという名の小さな女の子が鳩のヒナのことでぼくに電話してきた。彼女の父親は家族のために食料品の買い出しに出かけたところでたまたま武装勢力どうしの抗争に巻き込まれ、亡くなった。その黒い鳩のヒナは、なんと父親が亡くなったその同じ日にマラクの家に現れたのだ。

「うちに鳩のヒナがいるんだけど、取りに来てもらえますか？」

そのヒナは小さくてまだ飛べなかった。放っておいたら死んでしまうかもしれないから、ほかの鳩たちといっしょにしてやりたい。それで遊園地でヒナを飼ってほしいと電話してきたのだ。父親を亡くしたばかりの小さな女の子がどうしたらそんなことを考えられるのだろう。

マラクに救われたこの黒いヒナは、いまサンクチュアリでほかの鳩たちといっしょに元気に暮らしている。

第10章　ニューノーマル

新たな日課

この新しいサンクチュアリでのぼくの毎日はアレッポで包囲下にあったときとはだいぶ違う。なんといっても、ここには日課というものがあるのだから。

ぼくは毎朝八時から九時の間に起床し、まず子猫たち、そのあと大人の猫たちにご飯をあげる。そして、正午ごろにはトルコから運ばれてきた鶏肉（とりにく）を買いに国境に行く。国境付近には食料品だけでなく、シリアではもうなかなか手に入らないさまざまな物が入ってくる。

トルコからの鶏肉を買いそびれた場合は闇市場で買うはめになり、とても高くつく。だが、猫にはどうしても肉が必要だ。それは包囲の間、米のご飯ばかり食べなければならなかったとき、猫たちがみんな体調を崩したことでよくわかった。猫の腸は肉を効率よく消化するようにできているため、野菜や穀物はうまく消化できないのだ。

肉を買ったらサンクチュアリに戻り、猫たちの昼食を用意する。ユースフ獣医師はその間に猫たちをチェックして回り、健康状態を確認する。

猫は温度が三十八度の肉を好む。三十八度というのは仕留めたばかりの獲物と同じぐらいの温度だ。冷蔵庫から出したばかりの肉は嫌がって食べない。冷たい肉は「死んでから時間が経っているから食べるのは危険」と本能が告げるのだろう。

猫たちの食べ方はどれも、ハンターで肉食動物という彼らの起源から来ている。ペットになってからどれほど長い時間が経っていようとも、その本能はいまも健在なのだ。猫たちはぼくたちを野生の世界とつないでくれるリンクとも言える。いまも野性を失わずにいる猫たちに人間はもっと敬意を払うべきだとつくづく思う。

さて、猫たちの食事を終え、ひとしきりじゃらして遊んだあとは、子どもたちとの時間だ。ぼくはサンクチュアリが資金を出して作った小学校に行く。子どもたちの遊び相手になり、いっしょに時間を過ごすのはほんとうに楽しい。

学校の次は二時ごろから四時ごろまで近隣を回り、近所の人たちと雑談する。誰か困っている人はいないか、必要なものはないか、ひとしきり様子を聞いたあとは、またサンクチュアリへ。猫たちの夕飯の支度が待っている。

ノーマルな日のぼくの日課はざっとこんな感じだ。だが、爆撃があったり、地域で武力衝突があったりすると、すべてを放り出して救急車で出動しなければならない。ぼくたちがいまいる地域はまだ安全ではないのだ。いつ爆撃や戦闘が起こるかわからず、いまも危険にさらされているのが現状だ。ぼくが救助活動に出かけなければならないときは、助手の一人にサンクチュアリのことはすべて任せるようにしている。

物資もあいかわらず不足していて、ディーゼルオイルはなかなか手に入らない。でも、電気の供給が不安定なため、自家発電機を動かすのに十分な燃料だけはつねに確保するようにしている。電気がないとインターネットが使えず、外の世界から切り離されてしまうからだ。

また、サンクチュアリでは病気の予防として、一日三回、猫たちの食事が終わるたびに床を洗うので大量の水を使う。だから隔日ごとに大型のタンク車でサンクチュアリのタンクに五千リットルほどの水を補給しなければならない。

水の確保はいまも続くチャレンジだ。

エルネストの旅立ち

ぼくに力を与えてくれるのはここでもやはり猫たちだ。スホイ25、スホイ26、そしてタアルーブというとても鋭敏な感覚を持つ猫は、アレッポの日々を生き延び、いまもぼくといっしょに新しいサンクチュアリにいる。

ところが残念なことに、アレッサンドラの猫と同じ名前を付けたあのエルネストは、二ヵ月前サンクチュアリを出ていってしまった。とても悲しかったが、引きとめることはできなかった。

エルネストは二歳。もうすっかり成熟した大人の猫だ。エルネストもほかのオス猫たちのように独り立ちし、自分の人生を生きようと思ったのだろう。ぼく自身が青年となったとき、実家を出て独立しようとしたのと同じようなものかもしれない。オス猫というのはきっとそういう習性なのだ。でも、エルネストはぼくたちのことを忘れたわけではないらしく、いまでもときどきサンクチュアリに遊びに来る。

スホイ25とスホイ26の二匹はだいたいいつもサンクチュアリにいる。スホイ25はもともと野良なのでときどきふらっと出かけていくが、サンクチュアリが気に入っているのでいつも必ず戻ってくる。この二匹はあいかわらず食べ物に関しては非常にすばしっこいし、新しいサンクチュアリの周辺ですらスホイ戦闘機を頭上に見かけることがあるから、引き続きスホイという名前がふさわしいようだ。

猫は自分のなわばりを見回る習性があるが、それは家からほんの二、三百メートルほどの狭い範囲だったりする。でも野生に近い猫の場合は、なんと二十五ヘクタールもの広大なエリアをうろつくのだという。エルネストがどこまで行っているのかわからないが、もしかしたらそのくらい遠くまで行っているのかもしれない。それでもエルネストはいまでもときどきサンクチュアリにやってくる。そのたびにぼくたちは長い間音信不通だった旧友が戻ってきたかのように大歓迎する。エルネストに会えるのはやはりほんとうに嬉しい。

シリアでは、戦争で医師たちがみんな避難し、多くの病院が破壊されてしまったためにさまざまな病気がはびこるようになった。新しく医師を養成することはできないし、医療施設もない。でも、少なくともまだわずかに残っている医師たちの補助をする人材を養成することはできるはずだ。ぼく自身、戦争前にはまったく知らなかったけがや病気について、戦争中に多くを学んだ。

サンクチュアリの診療所では、獣医師がすべての動物に回虫やノミなどの寄生虫を駆除する治療をし、ワクチン接種もしている。だが、昨年結核がはやり、たくさんの猫たちが死んでしまった。そのときはまだワクチンがなかったため、猫たちを結核から守ってやることができなかったのだ。結核にかかった猫は目の端っこに白い膜ができるとわかったので、いまは罹患したかどうか見ればわかる。猫は動けなくなり、立ち上がる力もなくなって、三日以内に死んでしまう。

　ぼくたちは欧米などでのやり方にならい、ほかの猫に感染や病気が広がらないよう、病気の猫は別のケージに入れて隔離するようになった。食べ物で免疫を強化することがどれほど重要かも学んだ。とくに乳離れする前に母猫を亡くした子猫にとってはそうだ。ぼくたちは母猫の母乳の代わりに人間の赤ちゃん用の粉ミルクを与えようとしているが、子猫は嫌がって飲まない。そこで、まだ早すぎるのはわかっているけれど、ソーセージとか缶詰のイワシやツナなどをあげている。子猫にそんなものを与えるなんて、と大勢の人たちから批判されたけれど、母乳がない状態で免疫を維持するためにはやむをえないと思っている。

必要は発明の母

　戦争の中にあって、ぼくたちはみんな生き延びるために新しいことを学んでいる。その好例として、ぼくが見つけたあるメス猫の話をしたい。

　その猫は車にはねられたのか、後ろ脚を両方とも骨折する重傷を負っていた。でもそれ以外は大丈夫そうだった。そこで、獣医師が後ろ脚を固定したあと、ぼくたちは猫用の車いすを作ることにした。

もちろん車いす用の資材なんてここにはない。でも、そのときたまたまサンクチュアリで水道管を設置する作業をしていた配管工の男性がプラスチックのチューブで何か作れるかもしれないと言うので、手作りすることにした。ぼくたちは獣医師に聞いてチューブを猫の体に合う長さに切り、はんだごてでくっつけ、三人がかりで車いすを製作した。下半身の体重を支えられる位置に猫を固定するため、特別なハーネスも作った。

そこらへんにあった材料で作ったにしてはなかなかうまくできたと思う。人間と違って松葉杖を使えない猫のために何か新しいものを発明する必要があったわけだが、「必要は発明の母」とはまさにこのことではないだろうか。

発明といえば、ぼくたちの中東地域からは、表音文字や代数学など数多くの発明が生まれている。アルコールを発明したのもぼくたちだ。それは、この地域では当てにならない支配者や無能な行政府のおかげでいつも騒乱が起きていて、人びとは相互の助け合いとコミュニティに頼るほかなかったからではないか。少なくとも、ぼくにはそう思える。

この車いすの猫にはフェイスブックグループの人たちも大きな関心を寄せた。猫がはたして生き延びるのか、ぼくたちの手作りの車いすで動けるようになるのか、みんなが注視した。猫は最初のうちは車いすを付けた状態でどう動けばいいのかわからず戸惑っていたが、一、二日後にはちゃんと動けるようになった。

　残念ながら、この猫は結局二週間ほどしか生きることができなかったが、これは次につながるポジティブな経験となった。その後ぼくたちはさらに車いすを改良し、脚が麻痺したほかの猫たちを助けることができたのだ。

　人はみな困難を乗り越える物語を聞きたがるものだ。それは未来への希望、つまりどんな運命が降りかかってこようとなんとか乗り越えられる、そんな希望をくれるからにちがいない。それはまた、ぼくたち人間どうしのきずなを強めることにもつながったと思う。

エピローグ　未来に待ち受けているもの

子どものころ、ぼくはいつも人や猫を助けたいと思っていた。この情熱は父から受け継いだものので、ぼくという人間の一部となっている。戦争の前からも、救急車が大きなサイレンの音を鳴らしながら走り抜けていくのを見ると、いつもわくわくし、特別な幸福感を感じたものだった。なぜならそれは人が人を助けていることだとわかっていたからだ。

誰かを助ける仕事をするとき、ぼくは自分の人生には目的があると感じる。ほかの人にとっては礼拝の際に味わう幸せや結婚の日の喜びが人生で最上のものかもしれない。でも、ぼくが何より喜びを感じるのは人の手助けをしたり、救助したり、あるいは火を消すとか、何か人の役に立つことをしたときだ。どうしていつもこんなふうに感じてきたのか、なぜこれほど人助けが好きなのかわからない。ただ、ぼくにとってはそれこそが人生で何より幸せなことなのだ。

もちろん、自分の夢を実現するために戦争が起こってほしいなんて思ったことは一度もない。これまで見てきたような苦しみがなくて、救助活動をする夢が実現できていたらどんなによかっただろう。そのことはぼくの家族もよくわかっている。

ぼくは幸いにも神の祝福に恵まれ、救助者という立場に置いてもらったけれど、どんなに最悪な悪夢の中でも自分の国や同胞、動物がこんな悲惨な目にあう戦争は想像だにしなかった。自分の夢がこんな形で実現することをけっして望みはしなかった。

ぼくたちは救助活動ではつねに危険にさらされ、多くの人が死んだ。でも、生き延びるたびに、みんなどんどんたくましくなっていった。ぼく自身もより強くなった。自らの恐怖心を克服することができ、すぐ横に爆弾が落ちても逃げなくなった。そして、いったん自分が大丈夫だとわかると、ますます勇気がわいてくる。少なくとも百回以上は死の危険にさらされたと思うけれど、危険が去ったあとは自分が前より強くなったような気がして、何度でもまた同じ場所に救助に戻ることができるのだ。


シリアで危機が起こり、戦闘が始まった二〇一一年当初、アレッポは安全な場所だと思われていて、砲撃されたアレッポ郊外の人びとが市内に避難してきたものだった。ホムスの人たちは旧市街が砲撃され、スークを破壊されてアレッポに逃げてきた。ダマスカス郊外で最初に戦闘や砲撃が始まったときは、ダマスカスからも大勢やってきた。当時人びとは首都を離れ、安全を求めてアレッポに避難してきたのだ。

でも、二〇一六年の終わりにアレッポが陥落するまでのあの悲惨な日々のことを思うと、こういう最初のころのことはもうなかなか思い出せない。あの悲劇の中を、ほんとうによく生き延びたものだ。

なぜぼくは生き残ることができたのだろう。それは、子どものときからずっとほかの生き物をケアしてきたこと、そして救助の仕事をしていたことで、神様が助けてくれたのだと思う。命が助かったのは動物たちの世話をしてきたからなのだといつも自分自身に言い聞かせているし、そう信じてもいる。ぼくが周りの人びとを助けられるように神のご加護を得られたのも動物たちのおかげだった。これは動物たちの恩返しなのだ。

サンクチュアリを作るうえでのさまざまな困難を乗り越えることができ、いまユースフ獣医師をはじめこの事業を手伝ってくれる真の友人たちに囲まれていることを神に感謝したい。

そして、フェイスブックグループの創設者であるアレッサンドラ・アービディーン。彼女は海外の人たちにぼくらの状況をじつによく説明してくれた。助けを必要としていたアレッポの人びとのために寄付を集めることができたのは、ひとえにアレッサンドラがぼくたちの思いやアイデアを翻訳して海外の人たちに伝えてくれたからだ。彼女の支えはほんとうに大きい。

すべてはフェイスブックグループの何人かのメンバーが、自分たちの食べるものさえ買えない人たちを助けたいと思ったことから始まった。人間がまず自分をケアすることができなければ、動物のことにまで手が回らないということを彼らはちゃんとわかっていたのだ。フェイスブックグループの人たちとぼくたちは、いまやともに働く一つのチームとなっている。

今日、世界はもはや戦争や紛争を解決する力を持たないように見える。だから世界中に、とりわけここ中東に、あまりにも多くの難民があふれているのだろう。でも、ぼくは難民にはなりたくない。自分の国であるシリアにいたい。そしてできるかぎりほかの人たちを助けたい。

みんなアレッポの破壊がシリアの戦争での最下点で、今後少しずつ状況はよくなっていくだろうと言っている。そうであってほしいと思う。でも、今後自分がどうなるのか、また現在ぼくが住んでいるシリアの北部がどういう状態になるのかはいまもわからない。ぼくたちがいまいる場所はアレッポにも近いが、イドリブ県もすぐそばなのだ。ここに住んでいるのはほとんどが一般市民だが、武装組織もいくつか残っている。

政権とロシアは二〇一八年七月にダルアー県を奪還した。今度はいよいよイドリブ奪還に向けて最後の総攻撃をかけてくるのではないかと言われている。いまのところは停戦していることになっているが、政権はイドリブにはＩＳＩＳとヌスラ戦線のテロリストがあふれていると言っている。幸い新しいサンクチュアリのある場所には過激派はいない。が、近くにはいるから、政権はほかの地域でやったようにそれを口実にして地域全体に攻撃を仕掛けてくるのではないかと心配だ。

イドリブが攻撃されないことを願っている。もし攻撃が始まったら、それはとてつもなく大きく、広範囲で、高くつく紛争になるだろう。高くつきすぎてやる価値がないと思ってほしいが。もし政権軍とロシア軍がイドリブを攻撃したら、アレッポよりひどいことになるかもしれない。イドリブ県には四百万近い人が住んでいるのだ。その人たちやぼくたちはいったいどこに行けばいいのか？　シリアの反体制派を全部一ヵ所に集め、みな殺しにすることを政権とロシアはどう正当化するつもりなのだろうか？

アレッポはすばらしい町だった。何百という世代が何千年もかけて作り上げ、モンゴル人の侵略も、飢饉（ききん）も、干ばつも、地震も生き延びてきた町。それがたった四年間で、一つの世代によって崩壊させられてしまった。

二〇一六年十二月十五日、救急車を運転してわが町を出なければならなくなったとき、ぼくの人生の一部は終わった。四十年以上を過ごした町と、東アレッポの自分の家を、ぼくはあとにした。小さなスーツケースと猫のエルネスト、そして救急車いっぱいの負傷者を乗せて。ほかの選択肢は与えられなかった。残ったのは喜びも悲しみも含め、たくさんの思い出だけ。このことを考えるとどっと悲嘆が押し寄せてくるので、あまり思い出さないようにしている。

ぼくの人生における冒険はほぼすべてが過去七年間に起こった。戦争の前は仕事のことばかり考えていたけれど、その後何度も命がけで人を助ける経験をし、いまはそれこそが人生における真の冒険なのだと思える。人びとや子どもや動物を助けるために働くなんて、これほどパーフェクトな冒険があるだろうか。戦争前のぼくの人生なんて、この七年間とはとうてい比べものにならない。この七年間で成し遂げたことはそれ以前にぼくがしたどんなことよりはるかに価値がある。

ぼくはシリアでのぼくの活動を知って手を差し伸べてくれた世界中の人びととつながることができた。ぼくのことを信じてもらい、夢を実現することができた。今後も引き続きいろんなプロジェクトを立ち上げていきたいと思っているが、その一つはシリアの子どもたちのための教育機関をつくることだ。そこでは子どもたちの両親が与えられなかったものを与えたい。孤児も孤児でない子も対象にするが、親に職がなく、困窮している家庭の子を中心にしたい。ぼくにとっては子どもも動物も同じくらいたいせつなので、将来はもっと多くの子どもたちを助ける事業をしたいと願っている。

とはいうものの、先のことを考えるのはむずかしい。イドリブへの入り口にあるミフラーブ広場に子どもたちといっしょにオリーブや松の木を植えたこととか、最近あった幸せな瞬間のことを考えるほうが楽だ。ぼくたちが植えた木々がこれから先もずっと立ち続けてくれるといいのだが。

また戦争が戻ってくるのではないかと不安にかられることもときにはある。でも、この先何が起こるかは神のみが知ることだ。ぼくは楽観的だ。いろんな混乱や周りで起こっているさまざまな出来事にもめげず、これからも人びとのためになることを続けていこうと思う。

ぼくたちはいま、戦争で破壊されたコミュニティを再建している最中だ。そして、その中でのぼくの役割は猫のためのサンクチュアリを再建することなのだ。ぼくたち人間は動物たちどうしの友情から学ぶべきことがたくさんある。

何が起ころうと、ぼくは動物たちのもとにとどまるつもりだ。人への情けを持つ者は、生あるすべてのものに情けを持つ。

ぼくが死んだあとは、この七年間の仕事によってみんなに覚えていてもらいたいと思う。何より自分の子どもたちに父親を誇りに思ってもらいたい。父親はこの国と人びとのためによいことをしたのだと。彼らが大きくなったとき、なぜぼくがアレッポに残り、戦争で傷ついた子どもや動物を助けることを選んだのかわかってくれることを願う。

死がいつ訪れるのかはわからない。それを決めるのはぼくではない。でも、ぼくがいなくなっても、ほかの人たちがぼくの仕事を続けてくれるとわかっている。それで十分だ。

シリア内戦　年表

二〇一〇年

十二月	チュニジアで「アラブの春」の発端となった「ジャスミン革命」が起きる。

二〇一一年

三月	シリアに「アラブの春」が波及。南部ダルアーから始まり、ダマスカス、ホムス、ハマーと各地に抗議活動が広がる。
五月	政権軍がホムス、ダルアー、ダマスカスに抗議活動鎮圧のため戦車を投入。抗議デモ参加者が武力弾圧に対抗して武装を開始。
	ＥＵと米国がアサド大統領とシリア政府高官の資産凍結・渡航禁止措置。
七月	自由シリア軍結成。抗議活動は拡大を続ける。
八月	国連人権理事会がアサド政権による人権侵害を調査するため、調査委員会を設立。
	反体制派を代表する統一組織として「シリア国民評議会」がイスタンブールで結成される（のちに「シリア国民連合」の一部となる）。
八月〜十一月	国際社会からの圧力高まる。サウジアラビア、バーレーン、クウェートが大使を召還。ＥＵ、トルコ、アラブ湾岸諸国がシリアに経済制裁発動。

二〇一二年

五月	政権の治安部隊がアレッポ大学を襲撃。
七月	アレッポで政権軍と自由シリア軍の本格的な戦闘が始まる。自由シリア軍がアレッポを制圧、政権軍との戦闘激化。
	国連安全保障理事会のシリア制裁決議案はロシアと中国の拒否権により不成立。
九月	アレッポのオールド・スークが炎上。
十一月	カタールの首都ドーハで米国などの肝入りで「シリア国民連合」が結成される。

二〇一三年

四月	アレッポの大モスクの尖塔（せんとう）が崩れ落ちる。
八月	ダマスカス郊外で化学兵器によって千四百人以上が殺害される。国連はサリンガス使用と断定したが、攻撃者は特定できず。
十月	シリアがＯＰＣＷ（化学兵器禁止機関）に加盟、化学兵器の廃棄を開始。
十二月	アレッポで樽（たる）爆弾による空爆が始まる。

二〇一四年

一月	国連で和平会議「ジュネーブⅡ」が始まり、米国、ロシア、シリア政府、シリア国民連合などが参加するが、進展なし。
二月	「ジュネーブⅡ」は失敗に終わる。
六月	ISIS（イラク・シャーム・イスラム国）がイラク第二の都市モスルを制圧、IS（イスラム国）と改称。指導者のアブー・バクル・アル＝バクダーディがカリフ就任を宣言。
	シリア大統領選でアサド大統領が再選。
八月	ISがシリアのラッカを掌握。次々とジャーナリストや援助職員を拘束・処刑し、その映像をインターネット上に流す。
	米国主導の有志連合がISに対する空爆開始。
十月	政権軍がアレッポを包囲、主要な供給路を断つ。

二〇一五年

三月	反体制派がイドリブ県を制圧、優位に立つ。
八月～九月	大量の難民が亡命を求め、ヨーロッパへと流出。ヨーロッパを揺るがす社会問題となる。
九月	ロシアがアサド政権を支援する空爆開始、軍事介入に踏みきる。

二〇一六年

二月	米国とロシアの仲介により、停戦合意発効。
	国連が和平会議「ジュネーブⅢ」をスタートするが、中断。
四月	政権軍と反体制派の戦闘激化。
七月	政権軍が東アレッポの包囲を開始。
九月	政権軍が東アレッポを完全封鎖、約二十七万人が閉じ込められる。
十月	国連人権問題調整事務所トップのスティーブン・オブライエンが東アレッポの状況を「生き地獄」と表現、暴力を停止し、負傷者を避難させるよう求める。
十一月	政権軍とロシア軍による攻撃激化。
十二月	政権軍が東アレッポを完全制圧。アサド大統領が勝利宣言。
	ロシアとトルコの仲介により政権と反体制派が停戦合意。

二〇一七年

四月	イドリブ県で政権軍が化学兵器による攻撃をおこなった疑いで、米国が政権軍の空軍基地を巡航ミサイルで攻撃。
六月	米国の支援を受けたクルド勢力がＩＳの本拠地ラッカに攻撃を仕掛ける。

十月	ＩＳからラッカを解放。

二〇一八年

四月	ダマスカス郊外の東グータ地区で政権が化学兵器を使用した疑い。米英仏が政権の化学兵器関連とされる施設を攻撃。
六月～七月	政権軍がシリア南部奪還に向けての攻勢を開始、ダルアーと周辺地域を制圧。反体制派戦闘員はイドリブ県に移動。
九月	イドリブ県の周囲に非武装の緩衝地帯を設けることでロシアとトルコが合意。
十二月	トランプ大統領がＩＳとの戦いに勝利したとして、突然シリアからの米軍撤退を発表、共闘してきたクルド勢力を見捨てる。

二〇一九年

四月～六月	ロシアの支援を受けた政権軍がイドリブ県を空爆。
十月	トルコ軍がシリアに侵攻、クルド勢力の拠点を攻撃。 ＩＳの最高指導者アブー・バクル・アル＝バクダーディが米軍特殊部隊の急襲を受けて死亡。
十二月	政権軍が反体制派最後の拠点イドリブ県奪還に向けて攻勢をかける。一〇〇万人近い市民が避難。

二〇二〇年

二月〜三月	トルコとシリア政権軍の間で戦闘勃発。
三月	ロシアとトルコが停戦合意。
	シリアで最初の新型コロナウイルス感染による死者が出る。
六月	経済的困窮により、アサド大統領の退陣を要求するデモが起こる。
七月	イドリブ県で最初の新型コロナウイルス感染者が確認される。

訳者あとがき

この『シリアで猫を救う』(原題は『The Last Sanctuary in Aleppo』)は、シリア内戦の激戦地アレッポで自前の救急車で救助活動をおこなうかたわら、通りに置き去りにされた猫たちの世話をし、「アレッポのキャットマン」として知られるようになったある男性の回想録です。イギリス人作家ダイアナ・ダークが、シリア難民の友人たちの助けを借り、「アレッポのキャットマン」であるアラー・アルジャリール本人から聞き取りをして本書をまとめました。自分たちが始めたわけではない戦争に巻き込まれ、日々爆撃の恐怖にさらされながらもそこで生きるしかない普通の人びとの苦闘がアラー自身の言葉で克明に語られています。

今世紀最悪の人道危機といわれるシリア内戦は、二〇一〇年十二月にチュニジアで始まり、エジプト、リビアへと波及した市民による民主化運動「アラブの春」がシリアにも波及したことによって始まりました。当初は平和的な抗議活動だったものが、アサド政権の弾圧に対抗してデモの参加者が武装するようになり、シリアは内戦状態に突入していきました。

そこに諸外国が介入し、アサド政権を非難する欧米各国やトルコ、サウジアラビア、カタールが反体制側に肩入れする一方、ロシアやイランは政権を擁護します。反体制側のほうでは諸勢力が入り乱れて分裂・統合を繰り返すなかで、イスラム過激派（ジハーディスト）の組織がいくつも台頭します。シリア内戦は「独裁政権」対「民主化を求める反体制派」という単純な図式ではとらえられない複雑で重層的な紛争となり、十年目となる現在もなお終わりが見えていません。

シリア人権監視団によると、二〇一一年三月に内戦が始まってからの九年間で、三十八万人以上が死亡、国外に逃れた難民および国内で避難民となった人びとは千二百万人以上にのぼります（二〇二〇年三月十五日時点）。死者のうち十一万人以上は一般市民で、その二万人以上が子どもたちです。

アラーがなにより気にかけていたのは、社会の中でもっとも弱い存在――子どもたちと動物たち――のことでした。子どもたちや動物たちはこの戦争に何の責任もないのに、一番大きなつけを払わされている……その理不尽な現実への憤りが本書からは繰り返し伝わってきます。反体制活動家でもなければ戦闘員でもないごく普通の一市民だった彼にとって、もっとも重要なことは戦争の大義や勝敗の行方などではなく、力のかぎり無垢な者たちを守ることだったのです。

どの戦争においても、動物たちの苦難にまで目が向けられることはまずありません。人間が傷つき、死んでいるときに動物のことまで考える余裕はない、というのが多くの人の自然な気持ちでしょう。でも、本書の中でアラーが繰り返し語っているように、動物たちも戦争の犠牲者であることに違いはありません。棄てられ、誰からもかえりみられず、爆撃にさらされて傷つく猫たちを、アラーは見捨てることができませんでした。

「人への情けを持つ者は、生あるすべてのものに情けを持つ」

アラーのその言葉からは、人間を真に人間たらしめるものは何なのかを考えさせられます。戦闘が激しくなり、大勢の人たちが避難していくなか、アラーは逃げようと思えば逃げられたのに、人や動物を助けるためにアレッポにとどまるという選択をしました。アラーが住んでいた東アレッポは反体制派の拠点として政権軍とロシア軍の激しい攻撃を受け、二〇一六年十二月に陥落しますが、その後も彼は難民として国外に逃れることなく、現在もシリアにとどまっています。

シリア内戦に関してはいくつものすぐれたドキュメンタリー映画や手記が発表されていますが、私の知るかぎりでは、どれもすでに国外に亡命した人たちの手によるものです。原著の出版社によると、いまも国内に残り、そこで生活している市民による回想録は本書が初めてだそうで、それだけでも非常に貴重な記録と言えるでしょう。

私が原著『The Last Sanctuary in Aleppo』のことを知ったのは二〇一九年の夏ごろでした。シリアの戦場で猫たちがどうなっているのか気になってインターネットを検索すると、「アレッポのキャットマン」についての記事や、同年三月に出版されたばかりのこの本の情報が出てきたのです。さっそく取り寄せて読んでみて、これはどうしても翻訳して日本の読者に届けたい、と強く思いました。というのは、シリアの内戦下での人びとの苦難についてはすぐれたルポルタージュが何冊も出ていますが、動物たちのことに言及したものは一冊もなかったからです。

シリアは日本からは地理的にも心理的にも遠い国です。シリア内戦のイメージとして思い浮かぶのは、ヨーロッパに押し寄せる難民の映像や、取材中に殺害されたり誘拐されたりした日本人ジャーナリストの事件であるという人が多いのではないでしょうか。でも、そこに「猫」という要素が加わることによって、遠いシリアの戦争が少し身近に感じられる人もいるのでは、と思いました。アラーとともに猫のサンクチュアリを作ったイタリアのアレッサンドラや、世界中から支援を届けたフェイスブックグループの人びとがそうだったように。

もう一つ、この本を読んで思い出したのは、東日本大震災による福島第一原子力発電所の事故で住民が避難したあと、警戒区域内に取り残された動物たちのことでした。あのときも多くの人が犬や猫などのペット、あるいは牛やブタなどの畜産動物を残して避難することを余儀なくされました。みんなすぐに戻れると思っていたのが、原発の周辺は事故から九年経ついまも避難指示が解除されない「帰還困難区域」で、もう戻ることをあきらめた人たちも少なくありません。

事故のあと、取り残された動物たちの命をつなぐえさやりや保護に全国からボランティアが駆けつけましたが、それでも多くの動物が餓死しました。畜産動物たちは一部を除いて殺処分されました。あのときも最大の犠牲者は自分ではどうすることもできない動物たちだったのです。奇しくもシリアで紛争が始まったのは二〇一一年三月十五日。福島の原発事故とほとんど同時期だったのだと思うと、いっそう動物たちの置かれた状況が重なって見えます。

さて、アラーと猫のサンクチュアリはいまどうなっているでしょうか。

二〇一九年一月、戦闘はサンクチュアリのすぐそばに及び、馬、ロバ、サル、犬、ヤギなど猫以外の動物たちを保護していた農場にミサイルが着弾。四月には大きな盗難にもあったため、より安全な場所に移って新たなサンクチュアリを作ります。夏の間も戦闘は続き、アラーたちは爆撃されてゴーストタウンになった町々から取り残された猫たちを救出したり、保護できなかった猫たちのためにえさやりをしたりという活動を続けました。

そして、二〇一九年十二月、とうとうアラーが恐れていた事態が起こります。アサド政権は反体制派の「最後の砦」であるイドリブ県奪還に向けて戦闘を激化。二〇二〇年三月五日、ロシアとトルコが首脳会談をおこなって停戦に合意するまでの三ヵ月間に百万人近い人びとが住む場所を追われ、難民となりました。アラーたちも間近に迫った戦闘から逃れ、サンクチュアリと農場をまた別の場所に移さなければなりませんでした。

この文章を書いている二〇二〇年八月現在、とりあえず戦火は彼らのいる場所からは離れていますが、今度は新型コロナウイルスという新たな脅威に直面しています。七月、サンクチュアリのある町でも感染者が確認され、サンクチュアリのスタッフはロックダウンに備えての物資の備蓄や感染対策に追われました。経済制裁により通貨の価値が急落し、深刻な経済危機に直面しているシリアでは物価がはね上がっているため、物資の調達は大きな負担です。また、内戦で医療施設がことごとく破壊され、きわめて医療資源に乏しい地域で感染が広がったらいったいどうなるのか、考えただけでも恐ろしくなります。

さらに、彼らを悩ませているのは、新型コロナウイルスが猫から人にうつると思い込んだ人たちが猫を棄て始め、サンクチュアリで保護する猫の数が急速に膨れ上がっていること。なんとすでに千匹にも達しているそうです。

それでもアラーたちは挫(くじ)けていません。助けを必要とする動物たちがいるかぎり、サンクチュアリの活動は続くでしょう。いまなお続く内戦と新型コロナウイルスという大きな困難にアラーたちはどう立ち向かっていくのか、今後も目が離せません。

たとえ日本からは遠く離れていても、戦争によって傷つく小さな者たちや、なんとかして生き抜こうとする人びとへの想像力を持ち続けたい。そう心から思います。

二〇二〇年八月

大塚敦子

本書は日本の読者に向け、日本語版として再構成しています。

猫のサンクチュアリは現在非営利団体House of Cats Ernesto（本部イタリア、代表アレッサンドラ・アービディーン）として運営されています。
関心のある読者は、ぜひ以下のサイトで彼らの活動をフォローしてみてください。フェイスブックは毎日更新され、サンクチュアリの様子を見ることができます。

オフィシャル・ウェブサイト：https://ernestosanctuary.org/
フェイスブック：https://www.facebook.com/TheAleppoCatMen/

※なお、これらのページから寄付をされる場合は、コメント欄に「シリア」や「アレッポ」などの言葉を入れないようご注意ください。シリアは欧米の経済制裁の対象となっており、誤解を招く恐れがあるためです。

著者紹介
アラー・アルジャリール

1975年、シリア・アレッポに生まれる。電気技師だったが、内戦が始まってからは自分の車を救急車として使い、負傷した人々や取り残された動物たちの救助活動を開始。「エルネスト・サンクチュアリ」という施設を作って多くの猫を保護し、「アレッポのキャットマン」と呼ばれている。

ダイアナ・ダーク

1956年、イギリス・ロンドン生まれ。オックスフォード大学でアラビア語を学び、現在は作家、中東文化専門家、キャスターとしても活躍中。シリアの社会や文化に詳しく、おもな著書に『My House in Damascus』『The Merchant of Syria』などがある。

訳者紹介
大塚敦子（おおつか　あつこ）

1960年、和歌山市生まれ。上智大学文学部英文学科卒業。パレスチナ民衆蜂起、湾岸戦争などの紛争取材を経て、現在は人と自然や動物との絆などについて執筆している。自著に『いつか帰りたい ぼくのふるさと　福島第一原発20キロ圏内から来たねこ』（小学館）、『はたらく地雷探知犬』（講談社青い鳥文庫）、『〈刑務所〉で盲導犬を育てる』（岩波ジュニア新書）、『ギヴ・ミー・ア・チャンス　犬と少年の再出発』（講談社）などがある。
ホームページ：www.atsukophoto.com

シリアで猫(ねこ)を救(すく)う

The Last Sanctuary in Aleppo

2020年10月20日　　第１刷発行

著　者／アラー・アルジャリール
with ダイアナ・ダーク
訳　者／大塚敦子(おおつかあつこ)
発行者／渡瀬昌彦
発行所／株式会社　講談社

〒112-8001　東京都文京区音羽2-12-21
電話　　編集　03-5395-3536
　　　　販売　03-5395-3625
　　　　業務　03-5395-3615
N.D.C.916　222p　20cm
印刷所／共同印刷株式会社
製本所／大口製本印刷株式会社
本文データ制作／講談社デジタル製作

ISBN978-4-06-521074-1